統計

ニュートン式 超図解 最強に面白い!!

はじめに

「自分の成績では,どこの大学に合格できるだろうか」「アイスとかき氷は,どちらがよく売れるだろうか」「商品をどのように配置すると,お客さんが手にとってくれるだろうか」――。

私たちの身のまわりには,簡単には判断できない問題がたくさんあります。こんなときに力を発揮するのが「統計」です。統計を使うと,たくさんのデータから,ものごとの傾向や特徴を読みとったり,社会全体の情報を推測したりすることができるのです。統計は「意思決定に役立つ道具」だといえるでしょう。

本書では,社会のさまざまな場面で活躍する統計について,最強に面白く解説しています。テストでよく聞く偏差値や,テレビの視聴率,選挙の当確発表など,身近なテーマが盛りだくさんです。この本を読み終わるころには,社会を読み解く統計力がきっと身についていることでしょう。統計の世界をどうぞお楽しみください!

ニュートン式 超図解 最強に面白い!!

統 計

0 統計は，合理的な判断のための道具 8

1. データの入手が統計のはじまり

調査と統計

1 湖に生息する魚の数を推測する方法 12

2 「世論調査」は1000人から1億人の考えを推測する 14

3 次期大統領の予想を大はずしした雑誌出版社 16

4 直接訪問調査はウソの回答になりやすい 18

5 未成年飲酒を告白させる，回答のランダム化 20

コラム 乾杯の起源とは？...............22

保険と統計

6 1年で，40歳の男性の約0.1％が死亡する 24

7 確率と統計のおかげで，生命保険会社は損をしない 26

8 10年保障の保険料の決め方 28

コラム 最高1.5億円の胸毛保険 30

データマイニング

9 レシートは宝の山!? データから売れ筋を探る 32

10 カーナビから通行可能なルートを判別 34

4コマ 正規分布の発見者 36

4コマ 睡眠時間が長くなる 37

2.「平均値」と「正規分布」でデータ分析

グラフと平均値

1. 2015年に死んだ男性は，87歳が最も多い ……………40
2. えっ本当!? 平均貯蓄額は，約1300万円 ……………42
- コラム　平均貯蓄額ランキング ……………44
- コラム　プロ野球選手は，4〜7月生まれ？ ……………46

正規分布

3. 自然界で最も一般的なデータの集合である正規分布 ……………48
4. ピンボールの玉が，正規分布をつくる ……………50
5. 正規分布を使って，パン屋のウソを見抜いた! ……………52
6. フランス軍には，157cmの若者が少ない!? ……………54
7. 力士の勝ち星のゆずりあいが，統計分析で明らかに!? ……………56
- コラム　大相撲の全勝優勝は，むずかしい! ……………58
- 4コマ　夢遊病 ……………60
- 4コマ　春眠暁を覚えず ……………61

3. 「偏差値」と「相関」で統計を深掘り

標準偏差と偏差値

1 「標準偏差」は，データのばらつき具合をあらわす 64

2 標準偏差で，クラス全体の身長のばらつきがわかる！...............66

3 わかれば簡単！ 標準偏差の計算 68

4 あるデータの位置を示す「偏差値」...............70

5 偏差値は，こうして計算する① 72

6 偏差値は，こうして計算する② 74

Q 偏差値を計算してみよう 76

A 模試よりよかった？...............78

コラム 偏差値100はありえる？ 80

コラム 偏差値は学校の実力ではない！ 82

相関

7 「相関」とは，二つの量の関係のことである 84

8 気温や雨量から，ワインの価格が予測できる！ 86

9 入試は無意味？...............88

10 アヤメの花が招いた統計学者の誤解 90

11 理系は文系にくらべて人差し指が短い人が多い!?...............92

Q 疑似相関を見抜こう！ 94

A よく考えたら…...............96

コラム 30℃でアイスは売れない!?...............98

4.「標本誤差」と「仮説検定」をマスターすれば一人前

標本誤差
- **1** 調査結果と真の値とのずれをあらわす「標本誤差」……102
- **2** 視聴率20％の誤差は，±2.6％ ……104
- **コラム** 歴代視聴率ランキング ……106
- **3** 10枚のコインを投げて表が5枚の確率は25％ ……108
- **4** 内閣支持率の低下は，単なる誤差かもしれない ……110
- **5** 選挙の「当確」は，誤差しだい ……112
- **コラム** ウグイス嬢の男性版がいる？ ……114

仮説検定
- **6** 「仮説検定」は仮説の正しさを確率であらわす手法 ……116
- **7** 新薬の効果が本当にあるのかを確かめる ……118
- **コラム** ピカ新，ゾロ新，ジェネリック ……120
- **コラム** ヒッグス粒子の発生確率 ……122
- **4コマ** 統計調査に協力しよう！ ……124
- **4コマ** 今は何年？ ……125

統計は，合理的な判断のための道具

私たちの生活は「統計」であらわせる

　「内閣支持率」「視聴率」「平均寿命」。テレビや新聞では，さまざまな割合や，平均などの数値が登場します。これらの数値はどれも「統計」によって導かれたものです。
　統計には二つの役割があります。一つは，身のまわりの現象からデータを集め，データの意味を一目でわかるように示すことです。データの特徴は，グラフや「平均」などの数値であらわされます。

一部のデータで全体像を予測する

　もう一つの役割は，一部のデータから全体像を予測することです。たとえば選挙の出口調査では，一部の有権者にアンケートをとるだけで，当選者を予想できます。
　経済，政治，医療……。世の中のあらゆる現象が，統計の対象です。統計とは，自然界や社会にあらわれる出来事を正しく読み解き，さまざまな問題を解決するための道具だといえます。統計を活用することで，人々はより合理的な判断ができるようになるのです。

複雑な社会を読み解く

世界中のあらゆるできごとが、統計の対象です。たとえば、いちばん下のグラフは、国ごとの「平均寿命」と「収入」をまとめたものです。一つの円が一つの国で、大きさは人口をあらわします。収入が多いと平均寿命が長いという傾向が読みとれます。

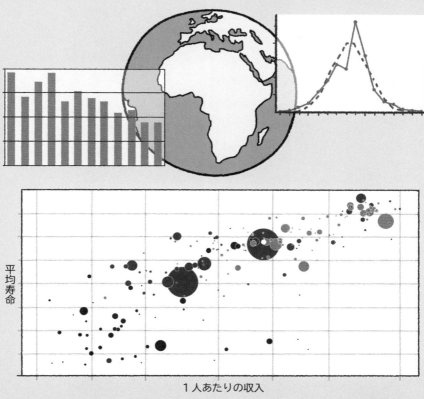

統計を使うと、いろいろなものごとが関係し合っていることもわかるのね。

1. データの入手が統計のはじまり

統計は，データを集めることからはじまります。第1章では，どのようにデータを集め，どのように活用しているのかを，世論調査や生命保険などを例に紹介していきます。

調査と統計 12

保険と統計 24

データマイニング 32

1 湖に生息する魚の数を推測する方法

統計の第一歩は調査から

　調査によってデータを集めることが統計の第一歩です。**データをうまく活用すれば，一部の調査から，集団全体の情報を推測することもできます。**そのような例をみていきましょう。アメリカのイエローストーン湖では，レイク・トラウトという外来魚に悩まされています。生息数を知りたくても，全個体をつかまえて数えるのは不可能です。

捕獲再捕獲法

一部をつかまえて，標識をつけて戻し，再びつかまえて個体数を推定する方法を「捕獲再捕獲法」といいます。少ない労力で，効率よく全個体数を推定できます。

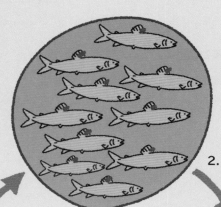

1. 一部の魚を生けどりにする

2. 標識をつけた魚を放す

魚をつかまえて標識をつけ，湖に放す

　そこで活用されているのが，「捕獲再捕獲法」という統計手法です。**まず，レイク・トラウトを何匹かつかまえて，「標識」をつけます。そして標識をもつ個体を湖に放し，ほかの魚たちの中によくまざったあと，ふたたび一部をつかまえます。その中に標識をもつ個体がどれくらいいるか調べることで，全個体数を推測できるのです。**

　たとえば，10匹に標識をつけて湖に戻し，よくまざったところで無作為に10匹をつかまえます。標識のついた魚が1匹いたとすると，つかまえた中の10％が標識のついた魚ということです。そこから，湖全体でも標識のついた魚が10％いると考えます。「全個体数×10％＝10匹」です。したがって，全個体数は100匹と推測できます。

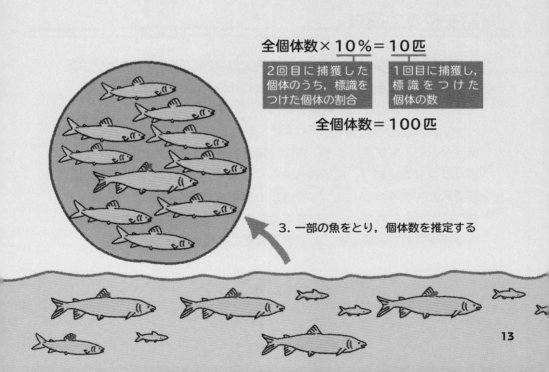

全個体数×10％＝10匹
- 10％：2回目に捕獲した個体のうち，標識をつけた個体の割合
- 10匹：1回目に捕獲し，標識をつけた個体の数

全個体数＝100匹

3．一部の魚をとり，個体数を推定する

2 「世論調査」は1000人から1億人の考えを推測する

スプーン一杯で味見するのと同じ

　内閣支持率などを調べるための「世論調査」。実は，1億人をこえる全国民に意見を聞かなくても，たった1000人の意見をもとに，全国民の意見を推測できます。これは，よくまざった鍋のスープを，スプーン一杯で味見できるのと同じ考え方です。男女比や年齢の比など，さまざまな要素を全国民と同じ割合にした「一握りの回答者の集団」を選びだして意見を聞くことで，全国民の意見を推測できるのです。

電話を使って調査

　回答者をランダムに選べば，全国民とほぼ同じ構成の1000人を選びだすことができます。たとえば，新聞社やテレビ局などでは，電話を使って次のように調査対象を選んでいます。
　まず，電話番号の最初の6けた（地域ごとに割り振られた局番）をランダムに1万個選びます。次に，電話番号の下4けたの数字をそれぞれランダムに選び，電話番号をつくります。こうして，1万個の電話番号ができます。この中から1600個程度に電話をかけ，約1000件の協力が得られるように調査するのです。このように，ランダムに回答者を選んで調査することが世論調査の重要なポイントです。

1. データの入手が統計のはじまり
調査と統計

新聞社の世論調査

新聞社で行なわれている世論調査のイメージです。電話番号の最初の6けたをランダムに1万個選び，下4けたもランダムに選びます。そうしてできた番号に電話をかけます。

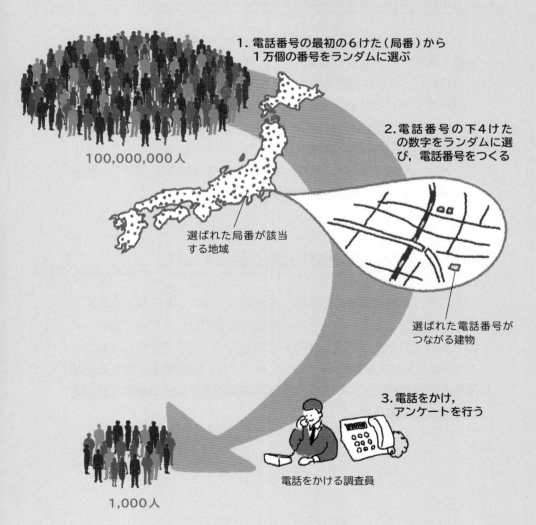

100,000,000人

1. 電話番号の最初の6けた（局番）から1万個の番号をランダムに選ぶ

2. 電話番号の下4けたの数字をランダムに選び，電話番号をつくる

選ばれた局番が該当する地域

選ばれた電話番号がつながる建物

3. 電話をかけ，アンケートを行う

電話をかける調査員

1,000人

3 次期大統領の予想を大はずしした雑誌出版社

237万人もの回答を得たのに……

　世論調査で「全国民とほぼ同じ構成の人々に聞く」ことの重要性を物語るエピソードがあります。

　1936年，アメリカの雑誌「リテラリー・ダイジェスト」は，次期大統領を予測するため，大規模なアンケート調査を実施しました。雑誌の登録者や，電話や自動車をもつ人など，1000万人もの人々にハガキを出し，「共和党の候補ランドン氏と民主党の候補ルーズベルト氏，どちらに投票するか」を聞いたのです。その結果，237万人の回答を得て「ランドン氏が勝利する」と予想しました。

アンケートの対象が富裕層に偏っていた

　ところが大統領選挙の結果は，民主党のルーズベルト候補の勝利でした。全国民と，アンケートの回答者の意見が食いちがってしまったのです。その理由は，アンケートの対象になった「電話や自動車をもつ人」が当時は富裕層に偏っていたためです。回答者をランダムに選ばなかったために，ルーズベルト候補を支持する庶民の意見を見落としてしまったのです。

1. データの入手が統計のはじまり

調査と統計

調査結果と選挙結果

リテラリー・ダイジェスト社の調査では、共和党のランドン候補が優勢でした。しかし、実際の選挙では、民主党のルーズベルト候補が勝利したのです。

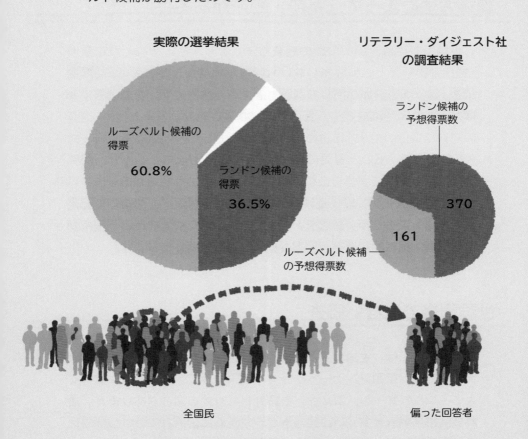

4 直接訪問調査はウソの回答になりやすい

調査方法によって,長所・短所がある

　世論調査には,いくつかの調査方法があります。それぞれに長所・短所があり,そこに注意しなければなりません。**たとえば「訪問面接法」は,調査員が訪問して回答を聞き取る方法です。有効回答率がほかの方法より高いという長所があります。**有効回答率とは,「調査の対象に選ばれた人」に占める「調査に協力して有効な回答を行った人」の割合で,低いと意見に偏りが出やすくなります。しかし,訪問面接法は,正直に回答しにくい場合がある,という短所があります。

　一方,前ページで取り上げた「電話法」や,調査票を郵送して記入後に返送してもらう「郵送法」には,コストが安く済むという長所がある反面,相対的に有効回答率が低いという短所があります。

世論調査ではない調査

　調査の中には,世論調査とは区別すべきものもあります。たとえばテレビでは,街頭アンケートを行って結果をグラフにしたり,道行く人にインタビューし,コメントを紹介したりする場合があります。**これらは世論調査とちがい,回答者がランダムに選ばれているわけではありません。あくまでも一つの意見と考えましょう。**

各調査方法の特徴

「訪問面接法」「電話法」「郵送法」の特徴をまとめました。「街頭アンケート」や「インターネット調査」は，対象をランダムに選んでいないため，結果の解釈には注意が必要です。

世論調査の方法

訪問面接法
正直に回答しにくい場合がある。有効回答率は相対的に高い。

電話法
コストが安く，時間もかからない。有効回答率が相対的に低い。

郵送法
コストは安いが，時間がかかる。他者の意見などに影響を受けやすい。有効回答率は相対的に低い。

世論調査とは区別すべきもの

街頭アンケート

インターネット調査

5 未成年飲酒を告白させる，回答のランダム化

「コイン投げ」で正直な回答を引きだす

「10代で飲酒したことがある人の割合」という，回答を得にくい調査をするとします。正直に答えてもらうために，コインを使う方法があります。まず回答者には，質問者に見えないようにコインを投げてもらいます。そして，次のように告げます。「コインが『表』だった人は『はい』と言ってください。また，『裏』だった人で，未成年飲酒

質問のしかたを変えると…

「未成年飲酒をしたことがありますか？」という質問は，正直に答えてもらえないかもしれません（左ページ）。「回答のランダム化」で，正直に答えてもらいやすくなります（右ページ）。

をしたことがある人も『はい』と言ってください」。この場合,「はい」と答えた人は,コインが表だったためなのか,未成年飲酒をしたことがあったためなのか,他人には区別できません。そのため,正直な回答を期待できます。この方法は「回答のランダム化」とよばれています。

未成年の飲酒率が推定できる

300人が回答し,200人が「はい」と答えたとします。**コイン投げの表が出る確率は2分の1なので,300人のうち150人はコインが表で「はい」と答えたと推定できます。** 残り150人のうち,「はい」(未成年飲酒をした)と答えた人は,50人。「いいえ」と答えた人は100人です。ここから未成年飲酒率は,約33%と推定できるのです。

乾杯の起源とは？

　お酒といえば，飲みはじめる前の乾杯がつきものです。この乾杯は，いつからはじまったのでしょうか。起源は，古代ギリシア・ローマ時代に行われていた，神々や死者のために酒を酌み交わす儀式だといわれています。

　のちにキリスト教が普及すると，聖母マリアや聖人たちに乾杯する習慣となり，さらにはその場にいる人々の健康のためにも行われるようになりました。杯どうしを当てるのは，その音で悪魔を祓うためとも，互いの酒を飛ばし合って毒が入っていないことを証明するためともいわれています。

　日本には，安政元年（1854年）の日英和親条約締結のときに，イギリス人から伝わったと考えられています。当初のかけ声は「万歳」でした。しかし，「万歳」は天皇陛下への祝賀を意味したので，漢語で「杯の酒を飲み干す」という意味の「乾杯」が使われるようになったといわれています。

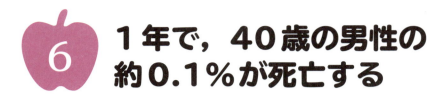

1年で，40歳の男性の約0.1%が死亡する

生命保険は「死亡率」の調査からはじまった

ここからは，保険と統計の関係をみていきましょう。現代の保険は，膨大なデータと統計学に支えられています。**はじまりは，ハレー彗星（ハリー彗星）に名を残すイギリスの科学者エドマンド・ハリーが1693年にまとめた，年齢ごとの死亡率の一覧表だとされています。**

日本人男性は何歳でどのくらい死亡するのか

死亡率とは，ある年齢の集団のうち，特定の年に死亡した人の割合です。右のグラフは，日本人男性の死亡率をあらわしています。**たとえば，2015年の30歳の死亡率は，30〜31歳の間に死亡した人の数を，30歳の時点の生存者数で割って求められます。**その値は，0.058％です。また，2015年の40歳の死亡率は0.105％です。1年間で40歳の1000人に1人が亡くなったということになります。

グラフ全体をみると，死亡率は生まれたばかりの頃は高く，7〜10歳頃まで低下しつづけます。その後は，年齢を重ねるにつれて上昇しています。また，年ごとのグラフを見くらべると，日本人男性はこの60年で死亡率が低下し，より多くの人が長生きできるようになっています。こうしたデータをもとに保険料が決められています。

1. データの入手が統計のはじまり
保険と統計

日本人男性の死亡率

各年のグラフをくらべると，グラフ全体が少しずつ下がっていることがわかるでしょう。ほぼすべての年代で死亡率が低下していることをあらわしています。

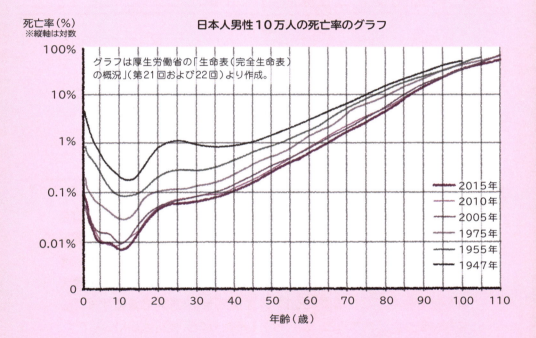

日本人男性10万人の死亡率のグラフ

グラフは厚生労働省の「生命表（完全生命表）の概況」（第21回および22回）より作成。

ハリーのおかげで，人が年をとるにつれて死亡者数がどれくらいふえるかを，推定できるようなったピ。

7 確率と統計のおかげで,生命保険会社は損をしない

死亡率を使ってどう保険料を計算？

　具体的に，死亡率を使って保険料がどのように計算されているのかをみていきましょう。右のページに年齢別にみた日本人男性の死亡率を示しました。話を単純にするために，1年間の保険契約期間内に死亡したら1000万円が支払われる生命保険で考えます。

保険会社が支払う保険金を加入者全員で負担

　仮に，年齢ごとに10万人が加入するとします。**20歳男性の場合は，1年間の死亡率が0.059％なので，1年間に59人が亡くなると予測されます。その場合，保険会社が支払う保険金の総額は，59人×1000万円＝5億9000万円です。金利や保険会社の経費などを考えないとすると，この5億9000万円を加入者10万人で負担することになります。**計算すると，加入者1人あたりの保険料は5900円です。死亡率は年齢を重ねるにつれて高くなるので，年齢が上がるほど保険料も高くなることになります。

　なお，実際には，保険会社の経費なども必要となるため，保険料はもっと高くなります。保険会社は，統計データなどにもとづき，赤字が出ないように保険料を設定しているのです。

1. データの入手が統計のはじまり
保険と統計

生命保険のしくみ

1年間の契約期間内に死亡すると1000万円が保険金として支払われる生命保険のモデルを示しました。保険加入者は，その保険金総額を加入人数で割った金額を負担します。

年齢別に見た日本人男性の1年間の死亡率（2018年）

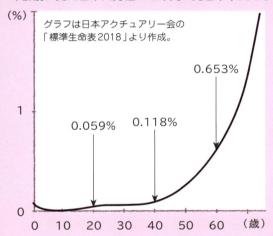

グラフは日本アクチュアリー会の「標準生命表2018」より作成。

60歳の加入者に対する
保険金の支払い
10万人×0.00653
×1000万円
＝65億3000万円

20歳の加入者に対する
保険金の支払い
10万人×0.00059
×1000万円
＝5億9000万円

20歳の加入者全員の
保険料総額：5億9000万円
1人あたりの負担は，
10万人で割って
5900円

40歳の加入者に対する
保険金の支払い
10万人×0.00118
×1000万円
＝11億8000万円

40歳の加入者全員の
保険料総額：11億8000万円
1人あたりの負担は，
10万人で割って
1万1800円

60歳の加入者全員の
保険料総額：65億3000万円
1人あたりの負担は，
10万人で割って
6万5300円

27

8 10年保障の保険料の決め方

「1年物」とどう変わる？

　前ページの保険は，「1年以内の死亡」を保障する「1年物」でした。今度は，「10年以内の死亡」を保障する「10年物」を考えてみましょう。加入者は30歳の日本人男性で，保険額は1000万円で，加入者数は10万人とします。

年々，死亡者がふえ，加入者は減る

　保険会社が支払う保険金は，1年目だけを見ると，1年物の保険と同じです。しかし，翌年からは，保険加入者の年齢が上がるので，死亡率も少しずつ高くなります。死亡者数が増加し，支払われる保険料の額が年々ふえるでしょう。また，一部の加入者が死亡するため，2年目以降は加入者が減少していきます。

　これらのことをふまえて計算すると，10年間で808人が亡くなり，保険金として80億8000万円が支払われると推定されます（右のイラスト）。一方で，各年の加入者数の合計は推定で99万6715人です。したがって，1人の契約者が毎年払う保険料は，80億8000万円÷99万6715人＝約8107円となります。10年保障の生命保険では，保険金の支払額が増加する分を含めて保険料が決まるのです。

1. データの入手が統計のはじまり

保険と統計

10年保障の生命保険

保険加入者の死亡者数は，毎年ふえていきます。保険会社が支払う保険金がふえる一方で，保険料を払う加入者は減っていきます。そのため，1年物よりも高くなるのです。

10年保障の生命保険のつくり方

最高1.5億円の胸毛保険

　生命保険や，災害保険，自動車保険など，さまざまな保険がありますが，海外にはちょっと信じられないような変わった保険もあります。たとえば，イギリスの胸毛保険です。**偶然のアクシデントによって，元の胸毛の量の85％を失ったときに，最高100万ポンド（現在のレートで1億5000万円弱）が支払われます。**

　日本人にはピンとこない保険かもしれません。そもそも欧米人と日本人では，胸毛に対する考え方がちがいます。**国によっては，胸毛が多ければ多いほど，男らしく，強くみえると考えます。**逆に少ないことはコンプレックスになるのだといいます。そのため，胸毛は守る価値があるのです。

　ほかに変わった保険では，宇宙人に誘拐されたときの保険，幽霊に襲われてケガをしたときの保険，誘拐されたときの身代金を補償する保険などがあります。保険には，その国の価値観があらわれているといえるのかもしれません。

9 レシートは宝の山!? データから売れ筋を探る

レシートから一緒に買われやすい商品を探す

　ここからは,「データマイニング」という統計データの活用法をみていきましょう。「マイニング」とは掘り出すという意味で,「データマイニング」はデータの山の中から有用な情報を見つけ出す技術です。
　ここでは,スーパーマーケットのレシートから「ほかの商品と一緒に買われやすい商品」を探してみましょう(下のイラスト)。単にレ

客のかくれた好みを探る

レシートを整理すると有用な情報を引き出せます。たとえば,ビールが買われたとき,からあげをおすすめすると買ってもらえる可能性が高いことなどがわかります。

1. データの入手が統計のはじまり

データマイニング

シートを並べても,どの商品の組み合わせが買われやすいかはわかりません。そこで,買われたものを表にしてみます。さらに買われた回数の多い4品目にしぼり,これらの商品が一緒に買われる確率を計算します。すると,スナックを買う客はジュースを必ず買うこと,からあげを買う客はビールを75％の確率で買うことが予測できます。

次に買いそうな物を予測できる

そのままでは役に立たないレシートの山も,うまくデータを整理すれば宝の山となるのです。 アメリカのスーパーでは,買われた物から客が次に買いそうな物を予測してクーポンを送ったり,天候を分析してハリケーンの前に売れるお菓子をつきとめたりしているといいます。

スーパーやコンビニで,ついつい買いすぎちゃうのはデータマイニングのせい？

	スナック	お茶	新聞	おにぎり	パン	ビール	ジュース	からあげ	お弁当
①20代女	1						1	1	
②20代男						1		1	
③30代男		1	1						1
④20代男					1	1	1		
⑤10代女		1		1					
⑥30代男	1			1		1	1	1	
⑦60代男	1						1		
合計	3	2	1	2	1	3	4	3	1

買われたものを表にまとめる

	スナック	ビール	ジュース	からあげ
①20代女	1		1	1
②20代男		1		1
③30代男				
④20代男		1	1	
⑤10代女				
⑥30代男	1	1	1	1
⑦60代男	1		1	
合計	3	3	4	3

よく買われた商品にしぼる

	スナック	ビール	ジュース	からあげ
スナック	×	33	100	67
ビール	33	×	33	100
ジュース	100	33	×	67
からあげ	50	75	50	×

一緒に買われる確率を計算

10 カーナビから通行可能なルートを判別

「ビッグデータ」から情報を引き出す

データマイニングの対象として，「ビッグデータ」が注目されています。ビッグデータとは，簡単にいうと「企業が日々の活動で記録している膨大なデータ」です。たとえば，携帯電話やカーナビゲーションシステムに記録される位置情報や，クレジットカード会社が処理する取引履歴，ウェブサイトに入力される検索ワードなどがあります。

災害直後，通れる道を可視化

ビッグデータがどのように活用されているのか，カーナビの例をみてみましょう。本田技研工業株式会社は，カーナビゲーションシステム「インターナビ」を搭載した車両から匿名性の保たれている走行データを収集しています。このデータは，渋滞を回避した，目的地までの最適なルート案内に活用されています。

2011年3月11日の東日本大震災発生直後，本田技研工業株式会社は，今，どの道が通行可能なのかを可視化し，インターネット上に公開しました。情報は1日ごとに更新され，被災地に住む人が移動する際や，ボランティアが被災地に向かう際に役立てられたのです。

カーナビ情報の活用

カーナビの情報が活用されるイメージをえがきました。ビッグデータの今後の活用では，プライバシーと利便性・公益性のバランスを考える必要がありそうです。

1. 車の走行データを収集する
2. データを分析
3. 道路の状況などをカーナビに表示

最強に面白い!! 統計

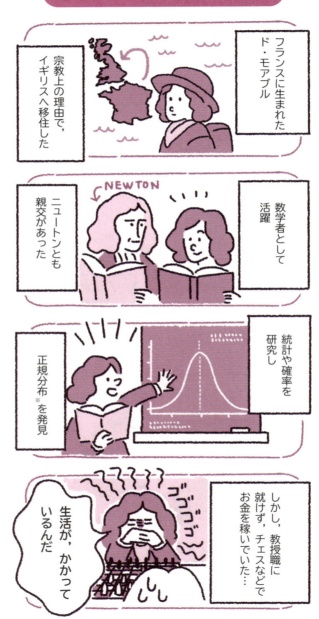

※：正規分布は，第2章でくわしく紹介します。

2.「平均値」と「正規分布」でデータ分析

統計は，集めたデータをどう分析するかがカギになります。第2章では，グラフを使ったデータ分析を紹介します。

グラフと平均値...............40

正規分布...............48

1 2015年に死んだ男性は，87歳が最も多い

グラフにすると，さまざまなことがわかる

　ここからは，グラフを活用して統計データを分析してみましょう。グラフにすることで，さまざまなことがわかるようになります。右のグラフは，日本人男性の出生者10万人が，年齢別死亡率にしたがって死亡していくとした場合の，死亡者数の推移です。

幅広のグラフから，とがったグラフへ

　年によってグラフの形が変化しており，約70年で日本は多くの人がより長生きできる社会になったことが読み取れます。最も古い1947年のグラフでは，1歳までに5000人以上の男児が死亡しています。死亡者数のピークは70歳前後です。一方，2015年のグラフを見ると，3歳以下の男児の死亡者数が激減していることがわかります。また，70代半ばまですべての年齢で死亡者数が減少しています。2015年の死亡者数は70歳代から急激にふえ，ピークは87歳です。
　全体的には，「幅広い分布＝さまざまな年代の人が多く死亡する社会」から，「とがったピークがより右側にある分布＝多くの人々が長生きする社会」に変わったといえます。

2.「平均値」と「正規分布」でデータ分析
グラフと平均値

日本人男性の死亡数の推移

死亡者数をグラフにすることで，社会の変化を読み解くことができます。人々の生涯を記録，分析し，グラフにしてみると，さまざまなパターンがあらわれてくるのです。

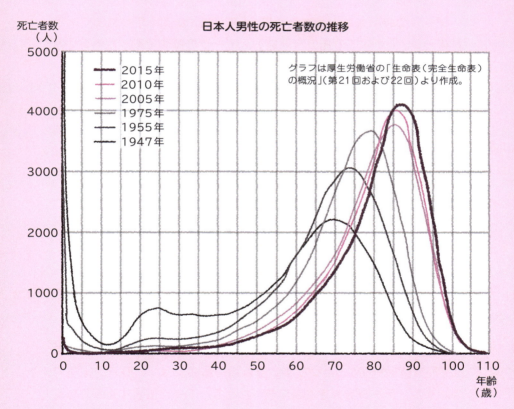

日本人男性の死亡者数の推移

グラフは厚生労働省の「生命表（完全生命表）の概況」（第21回および22回）より作成。

約70年で，グラフの形がずいぶん変わったニャン。

2 えっ本当!? 平均貯蓄額は，約1300万円

平均値の落とし穴

　データの特徴をあらわすために，「平均値」がよく使われます。平均値とは，「すべての値の合計値を，データの個数で割ったもの」のことをいいます。ただし，平均値には，落とし穴があります。

　突然ですが，「勤め人がいる世帯の平均貯蓄は，1327万円である」と聞いて，どう思うでしょうか。もし「そんなに貯金してない！」とおどろいたとしたら，それは「平均値近辺の人が最も多い」と無意識に判断したためです。右の貯蓄の分布を見ると，**最も割合が高いのは100万円未満で，11.8％を占めています。** そして，貯蓄額が多い世帯ほど，全世帯に占める割合が小さくなっていくことがわかるでしょう。**貯蓄が多いごく一部の世帯が，平均値を上げていたのです。**

「最頻値」や「中央値」は，平均値の欠点を補える

　平均値はよく使われますが，実態とはことなる印象をあたえてしまうこともあります。そのような場合，分布中で最も割合が高い値である「最頻値」を使うとよいです。貯蓄額の最頻値は，100万円未満です。また，データを大きさ順に並べたとき，中央に位置する値である「中央値」を使う場合もあります。貯蓄額の中央値は792万円です。

2.「平均値」と「正規分布」でデータ分析
―― グラフと平均値 ――

貯蓄額の分布

日本の,勤労者を含む2人以上の世帯における貯蓄額のグラフです(2017年)。平均値は1327万円ですが,貯蓄額が1200万円から1400万円の世帯が占める割合は,わずか5.2％です。

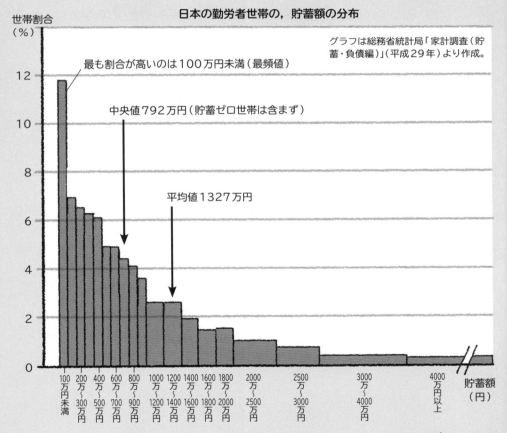

グラフでみると,実態がわかりやすいピ。

平均貯蓄額ランキング

　ここで，県庁所在地別の平均貯蓄ランキングを見てみましょう。2人以上の世帯の2017年の平均貯蓄額です。なお，ここでは勤め人がいない世帯も含んでおり，貯蓄額の全国平均は1812万円です。**貯蓄額1位は奈良市で2503万円，2位が横浜市で2328万円，3位が東京都区部で2295万円となっています。**首都圏の横浜市や都区部が上位にあるのは納得ですが，1位の奈良市は意外に感じるのではないでしょうか。

　下位を見ると，青森市が882万円で46位，那覇市が838万円で47位となり，ともに1000万円を下まわっています。1位の奈良市とくらべると，実に3分の1程度です。

　奈良市は，平均月収のランキングが7位で，物価のランキングでは41位でした。収入がある割りに，出費が少なくて済むことが，貯蓄額1位の一因なのかもしれません。

（出典：総務省統計局「家計調査（貯蓄・負債編）」）

都道府県庁所在地別貯蓄額ランキング（単位：万円）

上位10都市

順位	都市名	貯蓄額
1位	奈良市	2503
2位	横浜市	2328
3位	東京都区部	2295
4位	さいたま市	2263
5位	神戸市	2261
6位	千葉市	2234
7位	名古屋市	2152
8位	宇都宮市	2135
9位	岡山市	2112
10位	広島市	2083

下位10都市

順位	都市名	貯蓄額
38位	松山市	1408
39位	高知市	1391
40位	水戸市	1354
41位	秋田市	1287
42位	熊本市	1264
43位	鳥取市	1244
44位	札幌市	1238
45位	宮崎市	1063
46位	青森市	882
47位	那覇市	838

プロ野球選手は，4〜7月生まれ？

　下のグラフは，プロ野球選手の誕生月の分布です。不思議なことに4〜7月生まれの選手が多く，2〜3月生まれの選手が最も少ないことがわかります。だからといって，「4〜7月生まれの子供は，運動能力が高い」というわけではありません。

　もし誕生日が同じである6歳児と7歳児がかけっこで競争したら，より成長している7歳児の方が有利でしょう。**同じように，4〜7月生まれの生徒は，同学年のほかの生徒より**

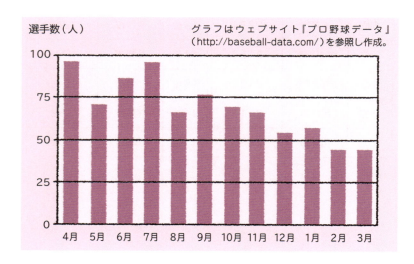

選手数（人）

グラフはウェブサイト『プロ野球データ』
（http://baseball-data.com/）を参照し作成。

成長が早く，スポーツなどでよい成績を収めやすいのです。これを「相対的年齢効果（Relative age effect）」といいます。

　この効果は，年齢を重ねるにつれてうすれていくものですが，なぜプロ野球選手の集団にも相対的年齢効果の影響がみられるのでしょうか。**それは，4〜7月生まれの野球少年が，同学年のほかの野球少年にくらべてほめられ，抜擢されることが多く，野球の才能をのばすことができたためと考えられています。**

3 自然界で最も一般的なデータの集合である正規分布

左右対称の山のような形をした分布

　統計データをグラフにすると，左右対称な山型の曲線をえがくことがよくあります。ある学校の男子生徒の身長を例にみてみましょう。

　17歳の男子生徒の身長を測ったところ，平均が175センチメートルでした。この生徒たちを，2センチメートルごとに分け，それぞれ1列に並ばせたところ，右のイラストのようになりました。平均値を含む174センチメートル以上176センチメートル未満の列を中心にした，左右対称の山のような形をつくっています。**このように，各データが左右対称な山型になっている分布を「正規分布（normal distribution）」といいます。**

統計分析のさまざまな場面で登場

　正規分布は，身長以外にも，学校のテストの点数など，身のまわりのさまざまな現象で見られます。また，統計分析のさまざまな場面で登場します。 たとえば視聴率の推定や，世論調査，工場での品質管理などで利用されています。

　次のページから，正規分布の特徴をくわしくみていきましょう。

2.「平均値」と「正規分布」でデータ分析
正規分布

教会の鐘のようにもみえる!?

正規分布がえがく曲線は，グラフの端のほうで減少がゆるやかになります。そのため，教会の鐘のような形にみえることから「ベル・カーブ」とよばれることもあります。正規分布は，アブラーム・ド・モアブル（1667〜1754）によって発見されました。

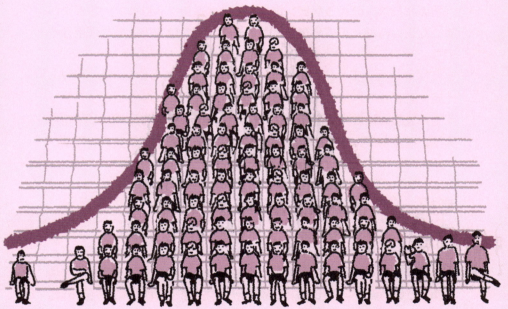

正規分布では，平均値，最頻値，中央値がすべて一致して，山の頂点の位置に来るニャン。

4 ピンボールの玉が、正規分布をつくる

中央に玉が集まって、山型の分布になる

　右のイラストのようなピンボールで上から玉を入れると、下部にたまった玉は自然と正規分布をえがきます。それは次のような理由からです。ピンにぶつかった玉が50％の確率で右か左に行くとすると、右にばかり行く玉や、逆に左にばかり行く玉はめったにありません。一方、右に進む回数と左に進む回数が同じくらいになる玉が多くなります。すると、途中の経路がことなっていても中央付近にたどりつきます。そうして、中央に玉が多く集まり、山型の分布になるのです。

二者択一で、正規分布があらわれる

　ピンボールの玉は、「右か左か」の二者択一をくりかえしているともいえます。このような二者択一をくりかえしてできる分布を「二項分布」といいます。そして、二者択一の数が多ければ、二項分布は、正規分布に近づいていくのです。ピンボールの例でいえば、『玉がピンにぶつかって右か左に動く』という回数が多ければ、下部にたまる玉の分布は、正規分布に近づきます。

2.「平均値」と「正規分布」でデータ分析
正規分布

正規分布をつくるピンボール

ピンボールでは，玉がピンにぶつかるたびに，右か左に進みます。右に進む確率と左に進む確率が等しいとき，下にたまったボールは正規分布をえがくのです。

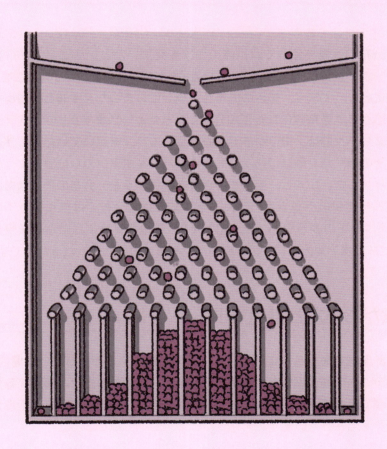

5 正規分布を使って，パン屋のウソを見抜いた！

頂点が1キログラムではなく，950グラム

　フランスの数学者アンリ・ポアンカレ（1854〜1912）には，正規分布の性質を使ってパン屋のウソを見抜いたという逸話があります。ポアンカレは，毎日買っていた「1キログラムのパン」の重さを1年にわたって調べ，重さの分布をグラフにしました。**すると，およそ950グラムを頂点にした正規分布になったといいます（上のグラフ）。つまりパン屋は，950グラムを基準にしてパンを焼いていたのです。**

　その後，パン屋は以前よりも大きなパンをポアンカレに渡すようになりました。しかし，引きつづき重さを調べると，分布の頂点はあいかわらず950グラムほどで，左右対称の正規分布ではなくなっていました（下のグラフ）。パン屋は950グラムを基準にしたパンを焼きつづけ，ポアンカレには大きめのパンを渡していただけだったのです。

異常がおきたと推測できる

　ある現象をグラフにえがくと正規分布になるとわかっている場合，グラフの形が正規分布からずれたときに，異常がおきたと推測することができます。実際に製造業では，部品の品質を調べる際に，正規分布が活用されています。

2.「平均値」と「正規分布」でデータ分析
—— 正規分布 ——

頂点は変わらず

グラフは，横軸がパンの重さで縦軸が個数です。下がごまかしを指摘したあとのグラフで，平均は950グラム以上になったものの，最も多いのは950グラム前後のままだったのです。

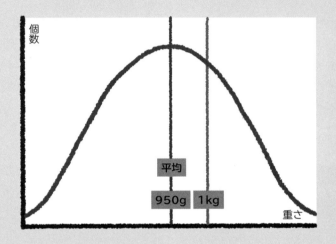

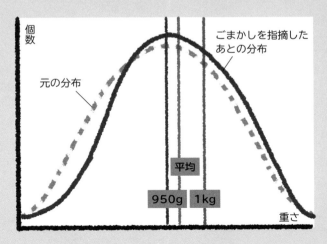

6 フランス軍には，157cmの若者が少ない！？

身長のデータが，正規分布からずれている

　正規分布でウソを見抜いた例には，他にも次のようなものがあります。ベルギーの統計学者アドルフ・ケトレー（1796～1874）が，フランス軍の徴兵検査で測定された若者たちの身長について，おかしな点があることに気がつきました。下のイラストの身長の分布をみると，正規分布のように，平均前後の身長の者が多くなっています。しかし

徴兵検査の身長分布

フランスの徴兵検査の記録から推定した若者たちの身長の分布です。157センチメートルの前後が，正規分布からずれていることがすぐに目につくでしょう。

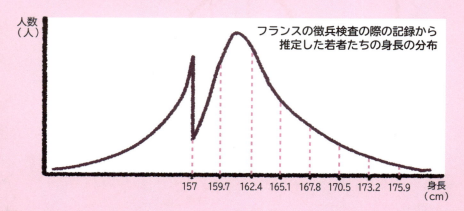

フランスの徴兵検査の際の記録から推定した若者たちの身長の分布

157センチメートル前後の部分が，正規分布からずれています。**157センチメートルよりやや高い者が少なく，逆に157センチメートルよりやや低い者が極端に多かったのです。**

一部の若者のウソが，記録に残った

　その理由を，ケトレーは次のように推測しました。当時，フランス軍は157センチメートル以上の若者を徴兵していました。そのため，157センチメートルよりわずかに高い若者たちのうち，徴兵されたくない者たちが身長を低くごまかしたというのです。**その結果，正規分布がくずれ，157センチメートルを上まわる者は実際よりも少なく，157センチメートル以下の者は実際よりも多く記録されたのです。**

グラフは『知の統計学2』（福井幸男著，共立出版株式会社）をもとに作成。

7 力士の勝ち星のゆずりあいが,統計分析で明らかに!?

7勝8敗や8勝7敗が多いはず

　統計を使った分析が,大きな波紋をよんだ例もあります。アメリカの経済学者でシカゴ大学教授のスティーブン・レヴィット博士が発表した,大相撲の八百長を示唆する分析です。レヴィット博士は,場所ごとの力士の勝敗数に注目し,もしすべての力士が同じ実力なら,勝ち星の数は右ページ下の点線のグラフのような曲線をえがくと考えま

勝ち星数の分布

　グラフは,すべての力士の実力が同じと仮定した場合の勝ち星数の分布と,1989～2000年の勝ち星数の分布です。番狂わせがついた可能性も考えられます。

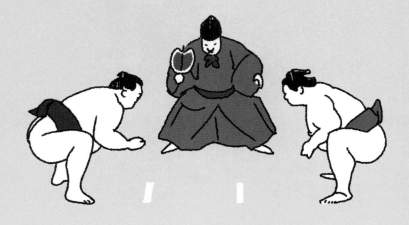

した。つまり、7勝8敗や8勝7敗の力士が最も多く、全勝（＝優勝）する力士や、全敗する力士は滅多にいないということです。

7勝8敗が極端に少ない

実際の勝敗数（実線のグラフ）を見ると、おおむね点線と一致しています。しかし、7勝8敗の力士が極端に少なく、8勝7敗の力士が極端に多いことがわかったのです。このことからレヴィット博士は、勝ち越しできるかどうかが危うい力士たちの一部が、勝ち越しが決まった力士から勝ちをゆずられている可能性を指摘しました。

こうした分析は、即、八百長の証拠にはなるわけではありませんが、異常に気づき、調査のポイントを定める点で有用といえるでしょう。

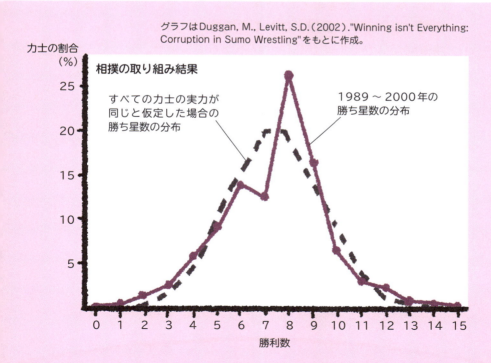

大相撲の全勝優勝は，むずかしい！

　平成最後の本場所となる2019年の春場所は，白鵬が全勝優勝で制しました。白鵬の全勝優勝は，どれくらいむずかしいことなのでしょうか。

　まず，白鵬の幕内での通算戦績は1026勝184敗で，勝率は84.8％です。この勝率で，本場所の15戦を15勝0敗で終える確率を計算で求めると，8.4％となります。これが14勝1敗になると，確率は22.7％まで上がります。1敗を許容するだけで，確率が倍以上になるのです。白鵬といえども，全勝優勝がいかにむずかしいかがわかるでしょう。そして，いちばん確率が高いのは，13勝2敗で28.4％です。

　グラフにすると，右のようになります。7勝8敗以下の，いわゆる「負けこし」となる確率が，ほぼ0とわかります。ちなみに，もう1人の横綱である鶴竜の場合は，勝率が61.7％で，全勝優勝の確率は0.07％ほどです。もっとも確率が高いのは，9勝6敗で，20.5％です。

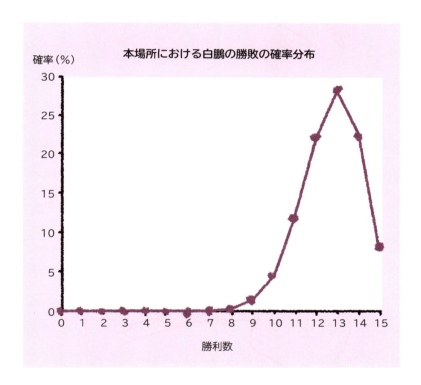

最強に面白い!! 統計

夢遊病

3.「偏差値」と「相関」で統計を深掘り

統計の代表的な活用法に，受験などで耳にする「偏差値」があります。また，二つのデータの関係をあらわす「相関」も，統計を知るうえで欠かせないものです。

標準偏差と偏差値...............64

相関..............84

1 「標準偏差」は，データのばらつき具合をあらわす

データがどれくらいの範囲に集まっているか

　49ページの身長の正規分布を，もう一度みてみましょう。すると，半分以上の生徒は，平均身長の前後5センチメートルの範囲に集まっています。このように，データの特徴をつかむには，各データがどれくらいの範囲でばらついているのかを知ることが大切です。そこで登場するのが，「標準偏差」という値です。**標準偏差とは，データのばらつき具合をあらわす値です。** ここからは，この標準偏差について考えていきます。

標準偏差でグラフの山の形が変わる

　正規分布の形は，「平均値」と「標準偏差」という二つの値だけで決まります。**平均値が高ければグラフは右に，低ければ左に位置します。** 一方の標準偏差では，**グラフの山の形が決まります。標準偏差が小さいときは，大多数のデータが平均値周辺に集中して，とがったグラフになります。逆に標準偏差が大きいときは，データが広い範囲にばらついて，幅広いグラフになります。**

3.「偏差値」と「相関」で統計を深掘り
標準偏差と偏差値

グラフの形が変わる

正規分布のグラフは，平均値によって左右に移動します。また，標準偏差によってとがったり，なだらかになったりします。なお，標準偏差は「σ（シグマ）」という記号であらわします。

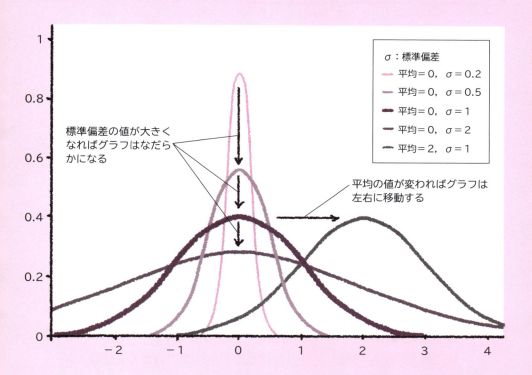

標準偏差の値が大きくなればグラフはなだらかになる

平均の値が変われば グラフは左右に移動する

σ：標準偏差
― 平均＝0, σ＝0.2
― 平均＝0, σ＝0.5
― 平均＝0, σ＝1
― 平均＝0, σ＝2
― 平均＝2, σ＝1

データがばらけると，グラフがなだらかになるんだピ。

2 標準偏差で,クラス全体の身長のばらつきがわかる!

標準偏差で,データの割合がわかる

　つづいて,標準偏差がどのように役立つのかをみていきましょう。正規分布には,「平均値の前後,標準偏差1個分の範囲に,約68％のデータが集まっている」,あるいは「平均値の前後,標準偏差2個分の範囲に,約95％のデータが集まっている」などの便利な特徴があります。したがって,正規分布では,ある範囲に含まれるデータの割合がどの程度なのかを,標準偏差を基準にして求めることができるのです。

平均値と標準偏差で,データの全体像が推測できる

　たとえば,あるクラスの生徒の身長が「平均は170センチメートルで標準偏差が6センチメートル」だったとします。すると,生徒たちを並ばせたりしなくても,そのクラスの生徒たちの約68％は身長164〜176センチメートルの範囲だとわかるのです。
　標準偏差は,平均値と組み合わせることで,正規分布の全体像を推測できる便利な値なのです。

正規分布のデータの割合

正規分布では，標準偏差（σ）さえわかれば，ある範囲に含まれるデータの割合がわかります。

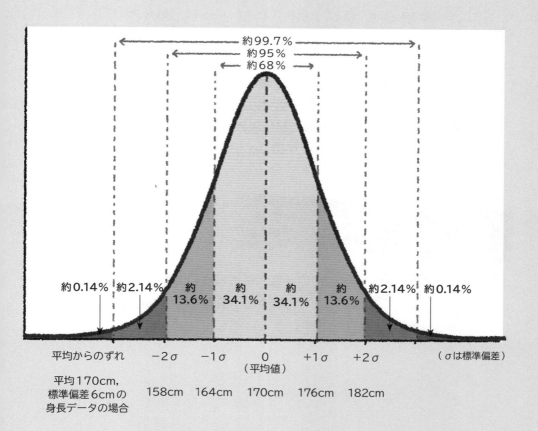

> 上の例では，身長158cm〜182cmに約95%の人が含まれることになるニャン。

3 わかれば簡単！標準偏差の計算

ばらつき具合をあらわす「分散」から求める

それでは，標準偏差を求めてみましょう。そのために，まず「分散」という値を求めます。分散とは，標準偏差と同様に「ばらつき具合」の指標の一つです。**分散は，下の式のように，各データと平均値との差を計算し，それぞれ2乗して足し合わせたうえで，データの個数で割って求めます。**たとえばサイコロを5回投げ，1〜5までが1回ず

平均，分散，標準偏差

平均，分散，標準偏差の計算式をあらわしました。右のサイコロは，平均はどれも「3」ですが，分散と標準偏差の値はそれぞれことなっています。

$$\text{平均} = \frac{\text{データの値の合計}}{\text{データの個数}}$$

$$\text{分散} = \frac{(\text{データ1}-\text{平均})^2 + (\text{データ2}-\text{平均})^2 + \cdots + (\text{最後のデータ}-\text{平均})^2}{\text{データの個数}}$$

$$\text{標準偏差} = \sqrt{\text{分散}}$$

つ出た場合を考えてみます。目の数を得点とすると，平均点は1～5を足して5で割り，3です。この場合の分散は，次の式で求められます。

$$\{(1-3)^2+(2-3)^2+(3-3)^2+(4-3)^2+(5-3)^2\} \div 5 = 2$$

2乗された値を元に戻す

　分散は，「各データと平均値の差」を2乗してから，その平均をとったものだといえます。2乗するのは，単に差を足し合わせただけでは，プラスとマイナスが打ち消し合って0になってしまうためです。

　そして，標準偏差は，分散の値の平方根をとることで求められます。
分散の計算のために2乗された値を元にもどす作業ともいえます。先ほどの例でいえば，標準偏差は$\sqrt{2}$となります。

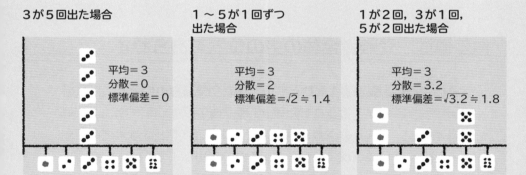

【平均と分散の計算】
5回とも3が出た場合
　平均：$(3+3+3+3+3) \div 5 = 3$
　分散：$\{(3-3)^2+(3-3)^2+(3-3)^2+(3-3)^2+(3-3)^2\} \div 5 = 0$
1から5が1回ずつ出た場合
　平均：$(1+2+3+4+5) \div 5 = 3$
　分散：$\{(1-3)^2+(2-3)^2+(3-3)^2+(4-3)^2+(5-3)^2\} \div 5 = 2$
1が2回と3が1回と5が2回出た場合
　平均：$(1+1+3+5+5) \div 5 = 3$
　分散：$\{(1-3)^2+(1-3)^2+(3-3)^2+(5-3)^2+(5-3)^2\} \div 5 = 3.2$

4 あるデータの位置を示す「偏差値」

取った点数は,全体のどこに位置する?

　受験の話題でよく耳にする「偏差値」とは,いったいどういう値なのでしょうか。また,標準偏差とは関係があるのでしょうか。

　あるテストで75点を取った場合を考えてみましょう。テストの成績が正規分布にしたがうとして,平均が65点,標準偏差が5点だったとします。この場合,あなたの点数（75点）は,平均（65点）から標準偏差2個分（5点×2＝10点）はなれているので,全体の上位約2.3％に位置します。これは,非常によい成績だといえるでしょう。

偏差値は,受験者全体の中の位置をあらわす

　このように,受験者1人ひとりの成績が全受験者の中でどこに位置するのかを,わかるようにした値が「偏差値」です。具体的には,50を基準とし,テストの点数が平均点を標準偏差1個分上まわる（下まわる）ごとに10を加える（減らす）ことで算出します（右の計算式）。上のテストの例では,75点は平均にくらべて標準偏差2個分高い値なので,偏差値は「50＋10×2」で70ということになります。

3.「偏差値」と「相関」で統計を深掘り
標準偏差と偏差値

偏差値の求め方

下の式は，偏差値を求める式です。偏差値40（-1σ）から偏差値60（+1σ）の範囲に，全データの約68%が含まれます。

$$偏差値 = \frac{点数 - 平均}{標準偏差} \times 10 + 50$$

（σは標準偏差）

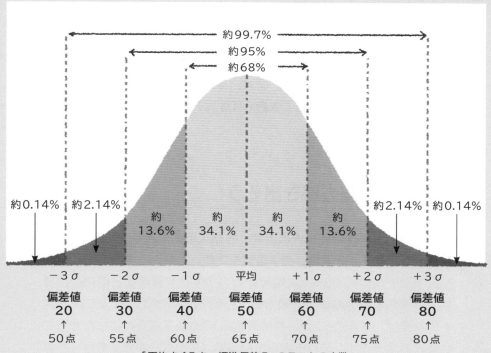

「平均点65点・標準偏差5」のテストの点数

点数を偏差値であらわせば，平均点のちがうテストでも，自分の成績を比較できるピー。

5 偏差値は，こうして計算する①

まずは，平均点を求めよう

　テストの偏差値とは，正規分布の考え方を利用した，成績の尺度だということがわかったでしょうか。ここからは，仮のテスト結果を用いて実際に偏差値を求めてみましょう。

　求めるのは，100人がテストを受けて右の表1のような結果になったときの各個人の偏差値です。まず，平均点を求めることからはじめます。全員の得点を合計して人数（100人）で割ると，平均点は60点です。

分散と標準偏差を導き出そう

　次に分散と標準偏差を求めます。各個人の得点と平均点との差は，表2の通りです。分散は，表2の値を2乗したものを全員分足し合わせ，それを人数（100人）で割ったものです。計算すると約290.7です。標準偏差は分散の平方根なので，約17.0です。つまりこのテストの結果は，平均点60点，標準偏差約17.0の正規分布にしたがっているとみなせます。これらの値を使って，次のページで偏差値を計算します。

3.「偏差値」と「相関」で統計を深掘り

標準偏差と偏差値

テスト結果と平均点との差

表1は100人のテスト結果です。平均点は60点です。表2は各個人の点数と平均点との差です。すべて2乗して足し合わせ，100で割ると分散の値を求められます。

表1. 100人のテスト結果

20	21	25	26	28	31	31	34	36	37
37	38	39	41	41	42	43	44	45	45
47	48	48	49	49	49	50	50	51	51
52	52	53	54	54	55	55	55	56	57
57	58	58	59	59	60	60	60	60	60
60	61	61	61	62	62	62	63	64	64
65	65	65	66	66	67	68	68	68	69
69	69	70	70	71	71	71	72	74	74
74	75	76	77	78	78	79	80	80	81
83	83	84	86	87	89	92	94	97	100

表2. 各個人の点数と平均点との差

-40	-39	-35	-34	-32	-29	-29	-26	-24	-23
-23	-22	-21	-19	-19	-18	-17	-16	-15	-15
-13	-12	-12	-11	-11	-11	-10	-10	-9	-9
-8	-8	-7	-6	-6	-5	-5	-5	-4	-3
-3	-2	-2	-1	-1	-1	0	0	0	0
0	+1	+1	+1	+2	+2	+2	+3	+4	+4
+5	+5	+5	+6	+6	+7	+8	+8	+8	+9
+9	+9	+10	+10	+11	+11	+11	+12	+14	+14
+14	+15	+16	+17	+18	+18	+19	+20	+20	+21
+23	+23	+24	+26	+27	+29	+32	+34	+37	+40

$$分散 = \frac{(-40)^2 + (-39)^2 + \cdots + (40)^2}{100} \fallingdotseq 290.7$$

$$標準偏差 = \sqrt{分散} \fallingdotseq 17.0$$

まずは，平均点を求めて，そこからさらに，分散と標準偏差を求めるのが第一ステップです。

6 偏差値は，こうして計算する②

偏差値を求めよう

　前ページで求めた「各個人の点数と平均点との差」「標準偏差」から，偏差値を求めます。

　70ページで示したように，偏差値は，表2で示した「各個人の点数と平均点との差」を，標準偏差17.0で割って10をかけ，そこに50を足して求められます。

テストのレベル次第で正確な尺度にならない!?

　このような計算から，求められたのが表3の偏差値です。たとえば，平均点よりも40点低い20点の人の偏差値は26.5，平均点と同じ60点を取った人の偏差値は50，平均点より40点高い100点の人の偏差値は73.5となることがわかります。

　ただし，テストによっては，結果が正規分布にならず，偏差値を求めても正確な尺度とはならない場合もあるので注意が必要です。

3.「偏差値」と「相関」で統計を深掘り
標準偏差と偏差値

求められた偏差値

たとえば100点をとった場合，平均点の60を引くと40です。これを前ページで求めた標準偏差17.0で割り，10をかけてから50を足すと73.5になります。これが偏差値です。

表2．各個人の点数と平均点との差

-40	-39	-35	-34	-32	-29	-29	-26	-24	-23
-23	-22	-21	-19	-19	-18	-17	-16	-15	-15
-13	-12	-12	-11	-11	-11	-10	-10	-9	-9
-8	-8	-7	-6	-6	-5	-5	-5	-4	-3
-3	-2	-2	-1	-1	-1	0	0	0	0
0	+1	+1	+1	+2	+2	+2	+3	+4	+4
+5	+5	+5	+6	+6	+7	+8	+8	+8	+9
+9	+9	+10	+10	+11	+11	+11	+12	+14	+14
+14	+15	+16	+17	+18	+18	+19	+20	+20	+21
+23	+23	+24	+26	+27	+29	+32	+34	+37	+40

表3．求められた偏差値

26.5	27.1	29.4	30.0	31.2	32.9	32.9	34.7	35.9	36.5
36.5	37.1	37.6	38.8	38.8	39.4	40.0	40.6	41.2	41.2
42.4	42.9	42.9	43.5	43.5	43.5	44.1	44.1	44.7	44.7
45.3	45.3	45.9	46.5	46.5	47.1	47.1	47.1	47.6	48.2
48.2	48.8	48.8	49.4	49.4	49.4	50.0	50.0	50.0	50.0
50.0	50.6	50.6	50.6	51.2	51.2	51.2	51.8	52.4	52.4
52.9	52.9	52.9	53.5	53.5	54.1	54.7	54.7	54.7	55.3
55.3	55.3	55.9	55.9	56.5	56.5	56.5	57.1	58.2	58.2
58.2	58.8	59.4	60.0	60.6	60.6	61.2	61.8	61.8	62.4
63.5	63.5	64.1	65.3	65.9	67.1	68.8	70.0	71.8	73.5

$$偏差値 = \frac{点数 - 平均}{標準偏差} \times 10 + 50$$

一つ一つの点数を計算するのは大変なので，大規模な模試などでは表計算ソフトがつかわれているピ。

偏差値を計算してみよう

　　高校3年生の南野くんと中村くん。アーチェリー部の部活が終わり，何やら浮かない顔で話をしています。

南野：この前の塾の模試，どうだった？

中村：最悪だった。偏差値48だよ。このままじゃ浪人確定だ〜。

南野：俺も似たようなもんだな。偏差値52。それにしても，
　　　この偏差値って何なんだろうな。

中村：あっ，俺この前，偏差値の計算のしかたを本で読んだよ。
　　　日本で最初に導入したのは，昔の陸軍なんだって。大砲

南野くん

の射撃訓練の成績に偏差値をつけて、砲兵を比較したらしいよ。

南野：じゃあ、さっきのアーチェリーの練習試合も、結果に偏差値をつけられるのかな？　気晴らしにやってみようぜ。

　さて、ここで問題です。南野くんたちは1射が10点で10射の練習試合を行った結果、下のような得点でした。それぞれの偏差値を求めてください。

 練習試合の結果の偏差値は？

	南野くん	中村くん	Cくん	Dくん	Eくん
得点	60	50	80	40	20
偏差値	?	?	?	?	?

模試よりよかった？

　　72 ～ 75ページと同じ手順で計算してみましょう。

まず，5人の平均を求めます。

　　$(60 + 50 + 80 + 40 + 20) \div 5 = 50$

次に，下の計算式を使って，分散を求めます。

　　$\{(60 - 50)^2 + (50 - 50)^2 + (80 - 50)^2 + (40 - 50)^2$

　　$+ (20 - 50)^2\} \div 5 = 400$

つづいて，標準偏差を求めます。

　　$\sqrt{400} = 20$

$$分散 = \frac{(1人目の得点 - 平均点)^2 + \cdots + (5人目の得点 - 平均)^2}{参加人数}$$

$$標準偏差 = \sqrt{分散}$$

$$偏差値 = \frac{点数 - 平均}{標準偏差} \times 10 + 50$$

これらの値と，点数を偏差値の公式に当てはめて計算します。たとえば，南野くんの場合は次のようになります。
　$(60 - 50) \div 20 \times 10 + 50 = 55$
　すべて計算すると，下の表のようになります。
南野：やったぜ，模試よりよかった。
中村：80点で偏差値が65にもなるのか。よーし，まずは偏差値60台をめざして練習頑張ろう！
南野：勉強もな！

	南野くん	中村くん	Cくん	Dくん	Eくん
得点	60	50	80	40	20
偏差値	55	50	65	45	35

偏差値100はありえる？

　テストの偏差値は，最高でどれくらいになると思いますか。たとえば「偏差値100」を目にしたことはないと思いますが，可能性としてはありえるのでしょうか。

　次のような場合を考えてみましょう。100人が受けたテストで，自分以外はみな10点で，自分だけが100点だったとします。このとき平均点は10.9，標準偏差は約8.95です。ここから自分の偏差値を計算すると，なんと約149.6になります。極端な場合を考えると，偏差値が100をこえることもあるのです。さらに，1000をこえる偏差値や，マイナスの偏差値もありえます。

　偏差値100は，正規分布でみると，成績上位約0.00002%にあたります。ただし上記のような極端な場合は，点数の分布が正規分布にならないので，0.00002%という値はあてになりません。現実のテストでは，最高でも偏差値80（成績上位約0.1%）程度におさまることがほとんどです。

偏差値は学校の実力ではない！

　受験のときに気になる志望校の偏差値。各学校の偏差値を，だれが，どうやって決めているのか，知っていますか。学校の教育力や実績などを考慮して決めているのではありません。

　実は，大学や高校の偏差値は，学習塾などが行った模試の結果から導き出されています。たとえば，Ａ大学の受験者について，合否の結果と，過去の模試でとった偏差値とを照らしあわせます。そして，Ａ大学の合格者と不合格者がおおよそ半々となる模試の偏差値を探し，その偏差値を，50％合格率の「Ａ大学の偏差値」に設定するのです※。つまり，偏差値は大学の実力から導き出されているわけではないのです。

　ちなみに，大学受験のときに，高校受験のときよりも模試の偏差値が下がった経験をした人がいるかもしれません。一般に，高校受験よりも大学受験の方が，受験者全体の学力が高い傾向にあります。**そのため大学受験では，受験者全体の中での自分の位置づけ，つまり偏差値が，低くなりやすいのです。**

※：大学の偏差値の算出法や，合格率の基準は，偏差値を公表する機関によってことなります。

7 「相関」とは，二つの量の関係のことである

所得と平均寿命の関係を考える

　統計は，二つの量の関係を知りたいときに，大きく役立ちます。二つの量の関係のことを「相関」といい，これがここからのテーマです。

　たとえば右のように，2012年時点の「1人あたりの所得」と「平均寿命」の関係を，国・地域ごとにまとめたグラフを考えてみます。一つの円が，一つの国・地域をあらわします。円の中心の位置は，1人あたりの所得（横軸）と，平均寿命（縦軸）で決まります。また，円の面積は人口をあらわしています。

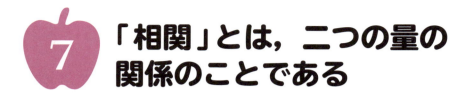

一方の量が変化したとき，もう一方の量も変化する

　ここで，点のばらつき方を見てみると，1人あたりの所得が高い国ほど，平均寿命が長くなる傾向があることがわかります。どうやら，所得と平均寿命には関係がありそうです。このように，二つの量について，一方の量が変化したとき，もう一方の量も変化する関係にあるとき，二つの量に「相関がある」といいます。また，二つのデータの関係をあらわしたグラフを，「相関グラフ」や「散布図」とよびます。

3.「偏差値」と「相関」で統計を深掘り
相関

相関グラフ

上は，所得と平均寿命で世界の国々をあらわしたグラフです。下は，数学の成績と理科の成績の関係をあらわした仮想のグラフです。このようなグラフを，相関グラフや散布図といいます。

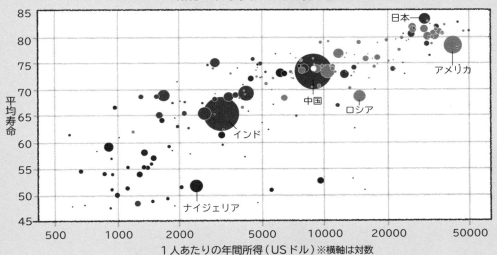

所得と平均寿命でみる世界の国々

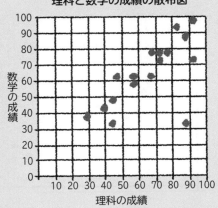

理科と数学の成績の散布図

グラフにすると，二つの量の関係がわかりやすいね。

85

8 気温や雨量から，ワインの価格が予測できる！

価格に大きな影響をあたえる，四つの要素を発見

　相関の活用例をみていきましょう。経済学者のオーリー・アッシェンフェルター教授による，将来のワインの価値の予測を紹介します。**教授は，ワインに関係するさまざまな要素を調べ，価格に大きな影響をあたえる四つの要素を発見しました。**原料であるブドウがつくられた年の「4～9月の平均気温」と「8～9月の雨の量」，「収穫前年の

ワインの価格と四つの要素

　アッシェンフェルター教授が発見した，ワインの価格を決める四つの要素と，ワインの価格の関係をあらわした散布図です。それぞれに関係性があることがわかります。

A.「収穫前年の10～3月の雨の量」と価格
ブドウを収穫する前年の冬の降雨量が多いほど，ワインの価格は高くなる傾向がある（正の相関）。

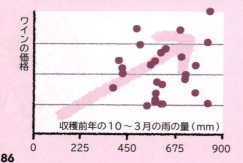

B.「8～9月の雨の量」と価格
ブドウが育った夏の降雨量が多いほど，ワインの価格は低くなる傾向がある（負の相関）。

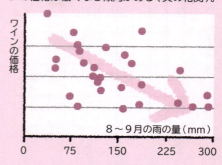

10～3月の雨の量」,「ワインの年齢(製造後の経過年数)」です。

二つの量の関係性を調べる,「相関分析」

　これらの要素(量)を横軸に,ワインの値段を縦軸にしてデータを配置したのが,下のイラストの散布図です。たとえばAの図では,ブドウを収穫する前年の冬に雨が多いほど,ワインの価格が高くなっています。Bの図では,ブドウを収穫する年の8～9月に雨が多いと,ワインの価格が低くなっています。**このような,二つの量の関係を分析してその間にある関係性を調べる統計的方法を,「相関分析」といいます。**アッシェンフェルター教授は,これらの図からワインの価格を予測したのです。

それぞれの量がふえると価格も上がる関係を「正の相関」,逆に価格が下がる関係を「負の相関」といいます。

C.「4～9月の平均気温」と価格
ブドウが育った夏の気温が高いほど,ワインの価格は高くなる傾向がある(正の相関)。

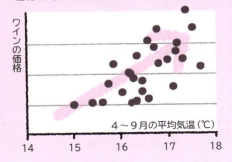

D.「ワインの年齢」と価格
ワインがつくられてから長期間保存されているほど,価格が上昇する傾向がある(正の相関)。

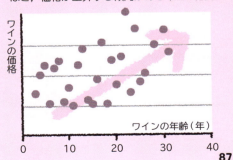

9 入試は無意味？

入試の成績から，入学後の成績は予測できない！？

　ここからは，相関を考えるときの注意点をみていきましょう。下のAは，ある大学の入学試験の成績と，入学後の学科試験の成績の相関グラフです。データをみると，かなりばらついています。たとえば，入学試験でともに71点だった学生aとbに注目すると，aは学科試験で最低点，bは最高点です。入試の点数と入学後の試験の点数にあ

選抜効果

Aは相関関係がみられませんが，Bは正の相関関係がみられます。このように，データをしぼりこみすぎて相関が弱くなることを「選抜効果」といいます。

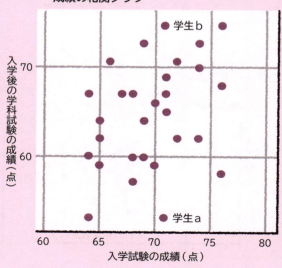

A. 新入生の入学試験の点数と，学科試験の成績の相関グラフ

3.「偏差値」と「相関」で統計を深掘り

相関

まり関係がないということは，入試の成績から入学後の成績を推測できないことになります。そうなると，入試に意味はないのでしょうか？

データのしぼりこみで相関が弱くなる

　実は，そう考えるのは早計です。**入試に意味があるかどうかは，入試に落ちた人々も含めて判断する必要があるのです。**仮に，入試に落ちた人々が同じ学科試験を受けたとしたら，下のBのような相関グラフになるでしょう。この場合，入試の成績がよかった学生ほど，学科試験の成績がよいという「正の相関」がみられます。**Aはデータをしぼりこみすぎることで相関が弱くなってしまっていたのです。この現象を「選抜効果」といいます。**

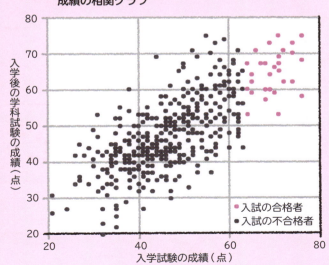

B. 全受験生の入学試験の点数と，学科試験の成績の相関グラフ

データの取り方次第で，まちがった結論になることもあるんだニャン。

10 アヤメの花が招いた統計学者の誤解

負の相関がありそうだけど……

　もう一つ、データのあつかい方により、逆の結論を導いてしまう例を紹介しましょう。下のAは、イギリスの統計学者のロナルド・フィッシャーがまとめた、アヤメの花の**がく**の長さと幅を比較した有名な相関グラフです。

　これをみると、データにばらつきはあるものの、「がくが長いほど、

逆の相関があらわれる

負の相関があるようにみえるAの相関グラフをBのように色分けすると、二つの正の相関があらわれます。データを広くとりすぎることで、まったく逆の結論になっていたのです。

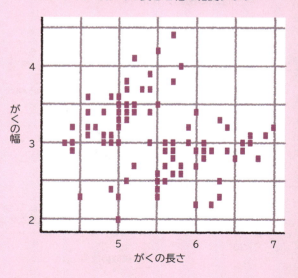

A. アヤメのがくの長さと幅の相関グラフ

幅がせまくなる」という弱い負の相関関係がありそうです。しかし，それはまちがいです。

データを広くとりすぎて逆の結論に

　実はこの相関グラフには，よく似た二つの品種のアヤメのデータが混在していたのです。それぞれを色分けするとBのようになります。なんと，どちらも正の相関があります。本当は，がくが長いほど幅も広い傾向があるのに，負の相関があるという逆の結論に至ったのです。

　前ページの入試の例とは逆に，データを広くとりすぎてもいけないということです。相関グラフは，適切なデータの取り方をすることが大事なのです。

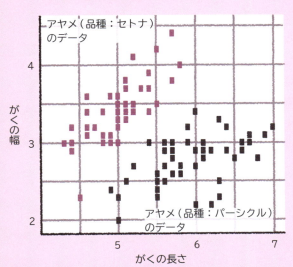

B. 2種を別々に見ると……

データはしぼりこみすぎても，広くとりすぎてもいけないのです。

11 理系は文系にくらべて人差し指が短い人が多い！？

理系ではなく男性だから

　相関の注意点を，もう一つ紹介します。まずは，次の文について考えてください。「理系は人差し指が薬指より短い人が多く，文系は同じくらいの人が多い」。確かに，理系の人は人差し指が薬指よりも短い傾向にあるかもしれません。**しかし，その理由は，理系だからではなく，男性だからです。**男性は，女性にくらべ，人差し指が薬指より短い人が多いのです。

第3の量が存在する

　一般的に，理系は文系にくらべて，男子学生の割合が高くなっています。そのため，指の長さを調査すると，「人差し指が薬指よりも短い学生の割合は，理系学生の方が高い」という結果になるのでしょう。その意味で，「理系か文系か」と「指の長さのちがい」の間には，相関関係があるといえます。**しかし，二つの量の間には「男性」という第3の量（潜在変数）があり，直接の関係（因果関係）はないのです。これを，「疑似相関」や「見かけの相関」といいます。**

　二つの量に相関関係があっても，因果関係があるとは限りません。つねに，「第3の量」がないかを考える必要があるのです。

3. 「偏差値」と「相関」で統計を深掘り

相関

文系と理系のちがい

「理系か文系か」と「人差し指が薬指より短い」ことの相関関係には，「男性」という「第3の量」があります。したがって因果関係はないのです。

疑似相関を見抜こう！

　期末試験が近くなり，部活が休みになった中村くんと南野くん。いっしょに図書館へ行って，勉強することにしました。

中村：図書館遠いよな。もっと近くにできないかな。

南野：でも，「図書館が多い町ほど違法薬物の使用による検挙数が多い」って聞いたよ。もう一つ図書館をつくったら，薬物使用の犯罪がふえるかも…。

　さて，ここで問題です。図書館と薬物使用の相関には，第3の量が隠れています。それは何でしょうか。

Q1　第3の量は何？

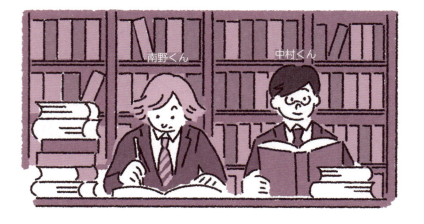

図書館での勉強を終え，帰路につく中村くんと南野くん。中村くんはちょっとした悩みがあるようです。

中村：最近どうも体重がふえてきたんだよな。

南野：でも，「日本人男性は，体重が重いほど年収が高い傾向にある」って聞いたことあるよ。

中村：本当に!?　じゃあ将来は金持ちかな。

　さて，ここで問題です。日本人男性の体重と年収の相関にも，第3の量が隠されています。それは何でしょうか。

Q2　第3の量は何？

よく考えたら…

A1 人口

　犯罪の検挙数は，人口が多い地域ほど多くなります。また，図書館などの公共施設も，人口が多い町では充実しています。そのため，犯罪の検挙件数と図書館の数という二つの量に，相関関係が生じるのです。

中村：あっ，でも図書館に行く途中で売ってるコロッケが好きなんだよな。寄り道できなくなるから，近くに図書館できなくてもいいや。

南野：……。

A2   年齢

　男性は年齢を重ねると，体重が増加する傾向にあります。一方で，年齢を重ねると，年収があがる傾向もあります。そのため，体重と年収という二つの量に，相関関係が生じるのです。
中村：よく考えたら，太ってるともてないよな。
南野：でも，年収が高ければ結婚はできるんじゃない？
中村：いや，今彼女が欲しいんだよ。
南野：それならまずは，コロッケ食べるのをやめたほうがいいと思うよ！

30℃でアイスは売れない!?

　近年，気温と食べ物の相関関係について，さまざまな分析がされています。たとえば，気温が25℃をこえると，アイスクリームがよく売れるといったものです。暑くなると売れるのは当然と思うかもしれませんが，この分析にはつづきがあります。**30℃をこえると，アイスクリームではなく，かき氷がよく売れるのだといいます。**

　アイスクリームには乳脂肪分が含まれ，暑くなりすぎると食後に口の中でねっとりとした不快感が残り，敬遠されるようです。また，猛暑になると人は，冷たいだけでなく水分の多いものを求めます。**そのため気温が30℃をこえると，ほぼ水分でできていて，よりさっぱりとしたかき氷が売れるのだと考えられています。**

　このように，外食産業や小売店では，気温と商品の売れ行きとの相関関係を分析し，無駄なく，効率よく収益を伸ばす取り組みを行っているのです。

（出典：常盤勝美『だからアイスは25℃を超えるとよく売れる』，商業界，2018）

4. 「標本誤差」と 「仮説検定」を マスターすれば一人前

統計には，さまざまな理論や手法があり，人々の生活に役立てられています。第4章では，一歩踏み込んだ統計の知識として「標本誤差」と「仮説検定」を紹介します。

標本誤差 102

仮説検定 116

1 調査結果と真の値とのずれをあらわす「標本誤差」

真の値との「ずれ」はさけられない

14ページで取り上げた世論調査のように,統計では一部の調査結果から全体をとらえることができます。しかし,調査結果と全体の「真の値」にずれが生じることはさけられません。たとえば,世論調査で内閣支持率が70％だったとします。**その際に,「真の支持率は67〜73％の範囲にある可能性が95％」というようなずれの範囲がつきま**

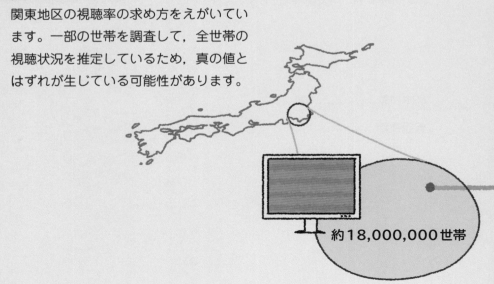

視聴率の求め方

関東地区の視聴率の求め方をえがいています。一部の世帯を調査して,全世帯の視聴状況を推定しているため,真の値とはずれが生じている可能性があります。

約18,000,000世帯

4.「標本誤差」と「仮説検定」をマスターすれば一人前

標本誤差

といます。このずれを「標本誤差」といいます。

「視聴率20％」の標本誤差は？

　テレビの視聴率の場合を考えてみましょう。視聴率を調査しているビデオリサーチ社では，地域ごとに調査を行っています。**たとえば関東地区の視聴率は，全体で約1800万世帯あるうちの900世帯を調査して，求めています。**仮に，この900世帯のうちの180世帯がある番組を見たとすると，視聴率は20％ということになります。ただし，これはあくまでも調査対象世帯の視聴率です。全世帯を対象とした「真の」視聴率はどれくらいの範囲になるのでしょうか。次のページでくわしく紹介します。

全世帯を調査するのはたいへんだから，一部の調査で全体を推定するんだピ。

103

2 視聴率20％の誤差は，±2.6％

ずれの大きさは計算できる

　一部の調査結果から得られた視聴率20％と，全体の真の値はどれくらいずれているのでしょうか。実は，このずれを計算する式があります。調査のサンプル数をn，調査で得られた値（ここでは視聴率）をpとすると，真の視聴率は，95％の確からしさで±$1.96\sqrt{\frac{p(1-p)}{n}}$※の範囲にあると推定できるのです。

誤差を$\frac{1}{10}$にするには，100倍のサンプルが必要

　ここに，$n=900$，$p=0.2$を代入すると，誤差の範囲は，およそ±2.6％となります。つまり，「900世帯の調査で視聴率20％」という結果から，「全世帯の視聴率は，95％の確からしさで，17.4％〜22.6％の範囲に含まれる」と推定できるのです。95％の確からしさとは，「100回調査したら，95回はこの範囲に真の視聴率がある」という意味です。

　誤差の範囲を小さくするには，式の分母にあるサンプル数nをふやします。しかし，誤差の範囲を10分の1にしようとすると，サンプル数を100倍にしなければならず，調査がたいへんになります。

※：ビデオリサーチ社では，標本誤差＝±$2\sqrt{\frac{p(1-p)}{n}}$の式を用いています。

4.「標本誤差」と「仮説検定」をマスターすれば一人前

標本誤差

誤差を減らすには

900世帯を調査した場合の誤差は±2.6％です。100倍の9万世帯を調査した場合の誤差は±0.26％です。労力の割りに，成果が少ないといえるかもしれません。

実際に行われている
調査世帯数

180世帯
視聴率20％

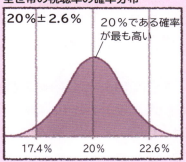

調査世帯をふやした
場合

18,000世帯
視聴率20％

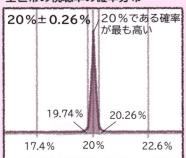

100倍調査しても，誤差は10分の1にしかならないのね。

105

歴代視聴率ランキング

　近年は，視聴率が20％をこえると，いわゆる"人気番組"といわれることがあります。歴代のテレビ番組でもっとも高い視聴率とは，どれくらいだったのでしょうか。

　1位は1963年のNHK紅白歌合戦で，視聴率はおどろきの81.4%です。もはや，ほとんどの人が見ていたといえるのではないでしょうか。そのほかは50 ～ 60 ％台で，オリンピックやサッカー，プロレス，ボクシングなどのスポーツが数多くランクインしています。ランキングの10番組中，8番組が昭和の番組で，プロレスやボクシングが今よりも人気だったことがうかがい知れます。平成の番組でランクインした2番組は，ともにサッカーのワールドカップです。人気スポーツの移り変わりが感じられます。

　今では視聴者の好みが細分化し，有料の専門チャンネルやネットテレビが普及しています。そうしたなか，今後このランキングに割って入る番組はあらわれるのでしょうか。

歴代視聴率ランキング（2019年4月1日時点）

順位	番組名	放送日	視聴率（％）
1位	第14回NHK紅白歌合戦	1963年12月31日（火）	81.4
2位	東京オリンピック大会 （女子バレー・日本×ソ連 ほか）	1964年10月23日（金）	66.8
3位	2002FIFAワールドカップ™ グループリーグ・日本×ロシア	2002年6月9日（日）	66.1
4位	プロレス （WWA世界選手権・ デストロイヤー×力道山）	1963年5月24日（金）	64.0
5位	世界バンタム級タイトルマッチ （ファイティング原田×エデル・ジョフレ）	1966年5月31日（火）	63.7
6位	おしん	1983年11月12日（土）	62.9
7位	ワールドカップサッカーフランス'98 日本×クロアチア	1998年6月20日（土）	60.9
8位	世界バンタム級タイトルマッチ （ファイティング原田×アラン・ラドキン）	1965年11月30日（火）	60.4
9位	ついに帰らなかった吉展ちゃん	1965年7月5日（月）	59.0
10位	第20回オリンピックミュンヘン大会	1972年9月8日（金）	58.7

ビデオリサーチ「視聴率調査開始（1962年12月3日）からの全局高世帯視聴率番組50
【関東地区】」のデータをもとに作成。天気予報，ガイドなどをのぞいた15分以上の全番
組が対象。レギュラー番組で同一局の同一番組名のものが2番組以上ある場合，最も高い
番組平均世帯視聴率の1番組を抽出し掲載。

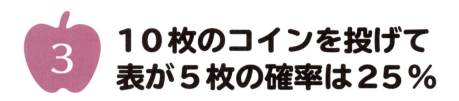

3 10枚のコインを投げて表が5枚の確率は25％

標本誤差をなぜ求めるのか

　なぜ，標本誤差を計算する必要があるのでしょうか。「コイン投げ」を例に考えてみましょう。まずは次の問題を考えてみてください。「表と裏が等しい確率で出るコインがある。このコインを10枚投げたとき，そのうち何枚が表を向くと予測できるだろうか」。

　表と裏が出る確率は等しいのだから，「表は5枚」と予測したくなります。しかし，実際に計算してみると，その確率は約25％しかありません。「表は5枚」という予測は，約25％の確率で当たり，約75％の確率ではずれます。つまり，約25％しか信頼できないのです。この約25％を「信頼度」といいます。

幅をもたせて信頼度を高める

　より信頼できる予測をするには，予測に幅をもたせます。たとえば，「表は4枚から6枚（5枚からの誤差±1枚）」と予測すると，約67％の確率で当たります（信頼度約67％）。推定に幅をもたせることで，ある程度信頼できる推定となるのです。世論調査の標本誤差も，幅をもたせて信頼できる推定にしています。

コイン投げの確率分布

複数のコインを投げたときに，全体に占める表の比率を横軸に，その確率を縦軸に示しました。コインの枚数をふやすと，グラフの形は正規分布曲線に近づいていきます。

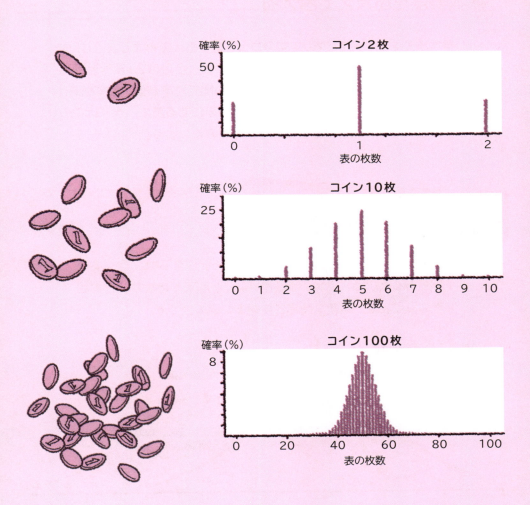

4 内閣支持率の低下は，単なる誤差かもしれない

標本誤差をふまえて考える

　標本誤差をふまえて，次の架空のニュースを考えてみましょう。「先月の世論調査では31％だった内閣支持率が，今月は29％へと下落し，3割を切った」。この情報だけから「内閣支持率が低下している」と判断できるでしょうか。この情報をうのみにする前に，まずはこの数字にどれほどの誤差があるのかを求めてみましょう。

信頼区間と標本誤差早見表

　内閣支持率29％と31％の信頼区間を示しました。重なる部分があるということは「ほぼ横ばい」と解釈できます。標本誤差の早見表は，誤差を簡易的に知るための表です。

二つの調査の信頼区間は重なっている

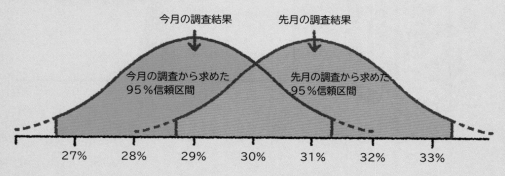

4.「標本誤差」と「仮説検定」をマスターすれば一人前

標本誤差

世論調査の結果を冷静に評価

　この世論調査のサンプル数は，先月も今月も2000で，有効回答率は75％（有効回答数1500）だったとします。このときの誤差を知るためには，104ページの標本誤差の式を利用します。世論調査の有効回答数をn，内閣支持率をpとします。**すると95％の確からしさ（信頼度95％）の標本誤差は，「内閣支持率29％」では±2.30％で，「31％」では±2.34％と求まります。**つまり，先月の本当の内閣支持率は28.66％～33.34％の範囲にあり，今月の本当の内閣支持率は26.70％～31.30％の範囲にあるということです。**この範囲を「信頼区間」といいます。そして左下の図のように二つの信頼区間が重複していることから，真の支持率は下がったとはいえないのです。**

標本誤差の早見表（信頼度95％の場合）

p ＼ n	10％ または 90％	20％ または 80％	30％ または 70％	40％ または 60％	50％
2500	±1.2％	±1.6％	±1.8％	±1.9％	±2.0％
2000	±1.3％	±1.8％	±2.0％	±2.1％	±2.2％
1500	±1.5％	±2.0％	±2.3％	±2.5％	±2.5％
1000	±1.9％	±2.5％	±2.8％	±3.0％	±3.1％
600	±2.4％	±3.2％	±3.7％	±3.9％	±4.0％
500	±2.6％	±3.5％	±4.0％	±4.3％	±4.4％
100	±5.9％	±7.8％	±9.0％	±9.6％	±9.8％

表のnは有効回答数，pは調査結果の値（内閣支持率など）です。たとえば，「有効回答数1500の世論調査で，内閣支持率が60％」なら，$n=1500$，$p=60$％で，上の表から標本誤差は±2.5％とわかります。

111

5 選挙の「当確」は,誤差しだい

開票率5％では,誤差の範囲が重なっている

　今度は選挙の当確を例に,標本誤差について考えてみましょう。投票者数20万人の選挙で,候補者A,Bが争います。開票率5％(開票数1万)のとき,Aは5050票(得票率50.5％),Bは4950票(同49.5％)を獲得しました。「標本誤差の式」を用いて,開票数をn,その時点の得票率をpとすれば,95％の確からしさで,最終得票率

予想最終得票数

開票率が5％,50％,80％のときの予想最終得票数をあらわしました。その時点での得票数に加えて,その後の得票数を誤差も含めて示しています。誤差が重なっているうちは逆転の可能性があるのです。

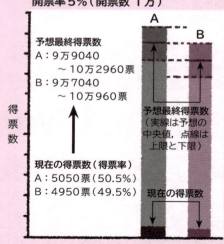

この時点では,両候補の推定される最終得票数の範囲が大きく重なっており,当確の判断は困難です。

の誤差の範囲を推定できます。すると，開票率5％の時点で，最終得票数はＡが9万9040～10万2960票，Ｂが9万7040～10万960票と推定できます。**この時点では，まだ両者の範囲は重なっています。Ｂが逆転する可能性が十分にあるので当確を出すのは時期尚早です。**

開票率80％で，誤差の範囲が重ならなくなった

　開票率80％（開票数16万）で，Ａが8万800票（得票率50.5％），Ｂが7万9200票（得票率49.5％）になると，ＡとＢの最終得票数の範囲は重なりません。**こうなると，もはやＢの逆転の可能性はほとんどないと推定できるのでＡの当確が出せます。このように誤差を含めて推定することで，当確を出すかどうかが判断できるのです。**

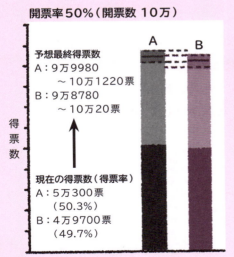

推定される範囲がだいぶせまくなりましたが，まだ一部重なっていて，Ｂが逆転する可能性が残っています。

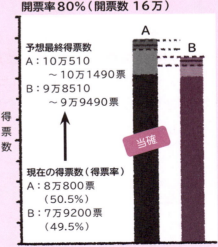

最終得票数の推定範囲が重ならなくなりました。Ｂが逆転する可能性はほとんどなくなったので，Ａは「当確」と判定できます。

ウグイス嬢の男性版がいる？

　選挙といえば，選挙カーのウグイス嬢がかかせません。なかには，当選請負人といわれるカリスマウグイス嬢もいるのだといいます。

　この仕事に男性版があることをご存知でしょうか。**"カラスボーイ"や"カラスくん"，単に"カラス"などとよばれています**。名前の由来は，「声が太くよく通るから」「黒いスーツ姿がカラスのようだから」など諸説あります。ちなみに"ウグイス"は，美声で仲間をよびよせるという習性からつけられたそうです。

　ウグイス嬢とカラスボーイの気になる報酬は，ともに公職選挙法の車上等運動員にあたるので，日給1万5000円以内と決められています。1日中，笑顔を絶やさずに声を張り上げつづけるという仕事に対する報酬としては，高くないかもしれません。

6 「仮説検定」は仮説の正しさを確率であらわす手法

新薬の効果は、ただの偶然？

　統計を利用した解析は、新薬開発の現場でも活躍しています。ここからは、新薬開発に欠かせない「仮説検定」という統計手法を紹介しましょう。新薬の効果を確かめる試験は、まず患者の同意を得て、患者をランダムに二つの集団に分けます。そして、片方に新薬を、もう片方には効果のない偽薬を投与し、経過を比較します。

　新薬を投与した集団が、偽薬を投与した集団よりも、平均して30分早く症状が改善した場合を考えてみましょう。**ここですぐに「新薬に効果がある」とは判断しません。「ただの偶然ではないのだろうか」と考えるのです。**

正規分布を用いて検証

　そこで、二つの仮説を立てます。仮説①は「新薬と偽薬の効果に差がある」、仮説②は「新薬と偽薬の効果に差はない」です。もし、仮説②の可能性が低ければ（たとえば5％以下なら）仮説①を採用し、仮説②の可能性が高ければ（たとえば5％以上なら）新薬の効果について結論を出しません。**この検証を「仮説検定」といい、正規分布の性質が用いられます。**次のページでくわしくみていきましょう。

4.「標本誤差」と「仮説検定」をマスターすれば一人前

仮説検定

新薬試験の流れ

新薬の試験では、すぐに効果があると判断はしません。どんな薬でも効果は人によってことなり、新薬と偽薬の効果が同じであっても、結果に差が出てしまうことがあるからです。

1. 頭痛薬の新薬と偽薬を、100人の患者グループA、Bに投与する。

グループAは、平均10分で症状が改善した

グループBは、平均40分で症状が改善した

試験の結果
新薬を投与されたグループAは、偽薬を投与されたグループBよりも、平均して30分早く症状が改善していた

2. なぜ1の試験で結果に差が生じたのか、仮説を立てる

仮説①
新薬と偽薬の効果に差がある。

仮説②
新薬と偽薬の効果に差はないが、偶然、結果に差が出た。

判断基準
・もし仮説②の可能性が5％以下なら、仮説②を捨てて、仮説①を採択する。
・もし仮説②の可能性が5％以上なら、仮説②の可能性を無視できないので、新薬の効果の有無について、結論を出さない。

117

7 新薬の効果が本当にあるのかを確かめる

30分の差が生じる可能性は5％以下

「新薬と偽薬の効果に差がない」という前ページの仮説②を検証するにはどうすればいいのでしょうか。**ここで,「新薬に効果がないにもかかわらず,新薬と偽薬の試験結果に差が偶然生じた確率」はどれくらいかを考えます。**このとき,正規分布が活用されます。

右のイラストの正規分布は,新薬と偽薬の効果に差がないと仮定したときに,二つの薬で症状が改善するまでの時間差をあらわした確率の分布です。これをみると,効果に差がなければ,同時に症状が改善する確率が最も高いことがわかります。**そして,30分の差が生じる確率は5％以下となっています。したがって,仮説②の可能性は5％以下となり,仮説①が採用されるのです。**

より厳しい基準を用いることも

新薬の試験では,「投薬の結果に差が生じたことは偶然ではない」ということを確認するために,「5％以下」という基準を用いることが多いようです。なかには「1％以下」という,より厳しい基準を用いる場合もあります。

正規分布を活用する

新薬と偽薬の効果に差がないと仮定した場合の，新薬と偽薬の試験結果に差が生じる確率の分布をあらわしています。30分の差が生じる確率は5％以下です。

3. 仮説②が正しく，新薬と偽薬の効果に差がないと仮定する。このとき，二つの薬で症状が改善するまでにかかる時間の差を確率分布であらわし，「30分の差」が生じる確率を調べる。

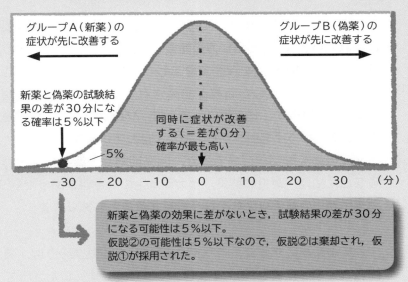

新薬と偽薬の効果に差がないとき，試験結果の差が30分になる可能性は5％以下。
仮説②の可能性は5％以下なので，仮説②は棄却され，仮説①が採用された。

基準を「1％以下」にしても，「99％の確率で新薬に効果がある」ということです。けっして断定はできないのです。

ピカ新，ゾロ新，ジェネリック

　　新薬の開発は日々行われていますが，一つの薬を開発するのに9 〜 17年もの期間と数百億円にのぼる費用がかかるといわれています。

　　そうしたなかで生まれた，特に画期的な新薬は「ピカ新」とよばれています。「ピカピカの新薬」の略です。しかし，そう簡単に画期的な新薬を開発できるわけではありません。そこで，ピカ新を改良した新薬が開発されています。それを「ゾロ新」といいます。ピカ新につづいて，ゾロゾロと似た新薬が出てくるというイメージから，そうよばれています。あまりイメージのよくないよび名ですが，開発期間や予算を抑えられることに加え，改良の結果，ピカ新以上の効き目があったり，副作用がピカ新より少なくなったりすることもあります。

　　近年よく耳にするジェネリック医薬品（後発医薬品）は，特許切れになった薬を同じ成分でつくるものです。したがって新薬以上の効き目は期待できません。

ヒッグス粒子の発生確率

　仮説検定は，科学研究の現場でも用いられます。**たとえば，2013年のノーベル物理学賞の対象となった「ヒッグス粒子」の発見では，ヒッグス粒子の存在を示すデータが偶然生じる確率が「0.00003％以下」となることが求められていました。** そして，この基準をクリアして，ヒッグス粒子は99.99997％以上の確率で発生することが明らかにされたのです。

　そもそもヒッグス粒子とは何でしょうか？ あらゆるものは細かく分解していくと，原子よりも小さな「素粒子」に行きつきます。**ヒッグス粒子は素粒子の一つで，物質に質量を与える粒子だと理論的に予想されていました。** 1964年に理論が発表されてから，存在を確かめようと実験がくりかえされたものの，なかなか確認できませんでした。

　そして，2012年7月，「陽子」という粒子どうしを高速で衝突させたときに，ヒッグス粒子が生まれたことが，仮説検定を経て確認できた，という発表がなされたのです。

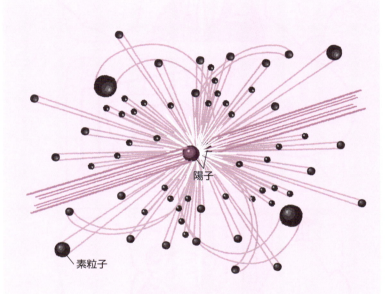

加速した陽子どうしを衝突させると，ヒッグス粒子などのさまざまな素粒子が生み出されます。

最強に面白い!! 統計

統計調査に協力しよう！

| シリーズ第 **5** 弾!! |

ニュートン式
超図解 最強に面白い!!
周期表

2019年6月末発売予定　A5判・128ページ　858円（税込）

　ロシアの化学者のドミトリー・メンデレーエフ（1834～1907）は，化学の教科書を執筆しながら，元素をどのように紹介したらいいだろうかと考えていました。「元素をどう整理するか」という問題は，当時の化学者たちの議論となっていました。発見された元素を軽い順番に並べてみたところ，何らかの規則性がひそんでいるようだったからです。

　そこでメンデレーエフは，元素を一つ一つカードに書いて並べて，元素を紹介するのに都合のよい並びを探しました。そして1869年，ついに決定版といえる元素の分類表を発表しました。それが，「周期表」です。

　本書は，周期表と全118種類の元素を，楽しく学べる1冊です。どうぞご期待ください！

余分な知識満載でちゅ！

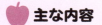 **主な内容**

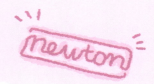

周期表とは何だろうか？

カードゲームから生まれた周期表
周期表は，150年間，拡大しつづけてきた
日本で発見された新元素「ニホニウム」

周期表を読み解こう！

周期表の並びは電子しだい
空気中に保存できない！　激しい性格の「1族元素」
何ものとも反応しづらい　穏やかな性格の「18族元素」
周期表をごろ合わせで覚えよう

118元素を徹底紹介

ヘリウムを吸って声がかわるのはなぜ？
1位は金じゃない!?　高額で取引される元素はどれ？
フッ素の「フッ」て何？

Staff

Editorial Management	木村直之
Editorial Staff	井手 亮
Cover Design	宮川愛理
Editorial Cooperation	株式会社 美和企画（大塚健太郎, 笹原依子）・島田 誠

Illustration

5	羽田野乃花	49	Newton Press, 羽田野乃花	93~97	羽田野乃花
7	羽田野乃花	51	Newton Press	99	羽田野乃花
9	Newton Press, 羽田野乃花	53	Newton Press	102~103	Newton Press, 羽田野乃花
12~14	Newton Press	54~55	Newton Press, 羽田野乃花	105~107	Newton Press, 羽田野乃花
17	Newton Press	56~57	羽田野乃花	109~110	Newton Press
19~21	Newton Press	59	羽田野乃花	112~113	Newton Press
23	羽田野乃花	60~62	羽田野乃花	115	羽田野乃花
25	Newton Press, 羽田野乃花	65	Newton Press, 羽田野乃花	117	Newton Press
26	Newton Press	67	Newton Press, 羽田野乃花	119	Newton Press, 羽田野乃花
29	Newton Press	69	Newton Press	121	羽田野乃花
31	羽田野乃花	71	Newton Press, 羽田野乃花	123~125	羽田野乃花
32~33	Newton Press, 羽田野乃花	73	Newton Press, 羽田野乃花		
35~38	羽田野乃花	76	羽田野乃花		
41	Newton Press, 羽田野乃花	81	羽田野乃花		
43	Newton Press, 羽田野乃花	83	羽田野乃花		
46~47	Newton Press	85~91	Newton Press, 羽田野乃花		

監修（敬称略）：
　今野紀雄（横浜国立大学教授）

本書は主に，Newton 別冊『統計と確率 改訂版』の一部記事を抜粋し，
大幅に加筆・再編集したものです。

初出記事へのご協力者（敬称略）：
　今野紀雄（横浜国立大学教授）
　高橋 啓（群馬大学数理データ科学教育研究センター准教授）
　深谷肇一（国立環境研究所生物・生態系環境研究センター特別研究員）
　藤田岳彦（中央大学理工学部教授）
　松原 望（東京大学名誉教授）
　藪 友良（慶應義塾大学商学部教授）

ニュートン式 超図解 最強に面白い!! 統 計

2019年6月15日発行　　2021年7月20日 第4刷

発行人	高森康雄
編集人	木村直之
発行所	株式会社 ニュートンプレス　〒112-0012東京都文京区大塚3-11-6

© Newton Press　2019　Printed in Taiwan
ISBN978-4-315-52165-8